全国电力行业"十四五"规划教材

高等教育电气与自动化类专业系列

智能控制理论及应用

张 悦 董 泽 翟永杰 编

彭道刚 主审

中国电力出版社

CHINA ELECTRIC POWER PRESS

内 容 提 要

本书为全国电力行业"十四五"规划教材。

本书理论联系实际，以火力发电过程为工程背景，结合燃煤机组智能化建设，介绍了智能控制算法在建模、仿真、优化、控制等方面的应用。首先，系统全面地介绍了自动控制理论的发展历史及智能控制理论的发展应用现状；描述了智能控制系统的一般结构，为后续各章节的理论介绍及程序设计奠定基础。然后，从工程应用角度出发，结合实例对象仿真，论述可以用于不同场合的自动控制系统数字仿真的离散相似法和数值积分法；论述了单纯形法等经典优化方法以及遗传算法、蚁群算法、粒子群算法等群体智能优化算法，通过具体实例描述了优化方法在控制器参数寻优及模型辨识中的应用过程；介绍了模糊控制的数学基础——模糊数学的基础知识，分析了经典模糊控制器和 TS 模糊控制器的设计过程，并通过不同的实例展示了控制器设计的细节；介绍了神经网络的基本原理、学习方法和常见的浅层网络，论证了神经网络用于参数辨识、故障诊断、回路控制的方法，通过具体工程实例论证了不同类型神经网络控制系统的设计与实现过程。

为了方便读者快速掌握文中实例，本书提供 MATLAB 和 Python 两种编程环境下的代码，程序通俗易懂，便于理解；为便于教师授课，本书还配套了教学课件、电子教案。同时，本书还可以与学堂在线"智能控制"课程配合使用。

本书可作为高等院校自动化专业高年级本科生及控制科学与工程专业硕士研究生教材，亦可作为工程技术人员的参考用书。

图书在版编目（CIP）数据

智能控制理论及应用/张悦，董泽，翟永杰编 .—北京：中国电力出版社，2024.10
ISBN 978-7-5198-8873-2

Ⅰ.①智…　Ⅱ.①张…②董…③翟…　Ⅲ.①智能控制　Ⅳ.①TP273

中国国家版本馆 CIP 数据核字（2024）第 086793 号

出版发行：中国电力出版社
地　　址：北京市东城区北京站西街 19 号（邮政编码 100005）
网　　址：http：//www.cepp.sgcc.com.cn
责任编辑：乔　莉
责任校对：黄　蓓　朱丽芳
装帧设计：郝晓燕
责任印制：吴　迪

印　　刷：固安县铭成印刷有限公司
版　　次：2024 年 10 月第一版
印　　次：2024 年 10 月北京第一次印刷
开　　本：787 毫米×1092 毫米　16 开本
印　　张：10.75
字　　数：255 千字
定　　价：38.00 元

前　言

　　随着新型电力系统建设的逐渐推进，火电机组的外部环境也随之发生改变，不但要满足日益严格的环保和安全要求，而且要面对煤种的不确定、电网快速调峰、新能源消纳的问题及经营竞争的压力，传统运行方式及控制技术已不能解决这些问题，因此智能发电是火电机组未来发展的趋势。其中，智能发电需要关注复杂系统的多目标优化控制、电站设备状态监测、自组织精细管理等问题，而这些问题的基础是利用先进算法实现复杂系统的优化控制。

　　智能发电框架下，对燃煤机组控制提出了更高的要求，很多情况下常规 PID 控制是不可能实现的，只能依赖于先进控制算法，因此先进控制算法尤其是智能算法具有十分广阔的应用前景。

　　相比较 PID 控制算法的普及，智能算法有一定的准入门槛，本书期望从基础理论和工程应用两个角度揭示智能控制的本质，为算法的完善及应用推广提供帮助。

　　"智能控制"一词起源于 20 世纪 60 年代，最开始仅是一个概念和想法，用来描述人机交互的系统，经过五十多年的发展，逐渐形成一系列的理论分支。智能控制并不是一种控制方法，而是一类方法的统称，这些方法具备共同的目标，即模拟人或者群体生物的智能行为用于解决复杂难以建立对象模型的问题。例如，遗传算法模拟的是自然界优胜劣汰的进化过程，蚁群算法模拟的是群居生物——蚂蚁找寻食物的过程，粒子群算法模拟的是鸟群搜索食物的过程，这类群体智能算法的目标是解决多维空间的搜索问题。模糊控制作为智能控制的一个重要分支，希望通过计算机和模糊数学描述人们对于周围事物和现象的认识，使机器能够模拟人的行为，从而达到智能的目的。神经网络也是模拟人的神经结构建立起来的一种理论体系，通过学习和训练，使网络具备某种特征。专家系统期望用计算机的软硬件系统模拟人类某个领域专家的智能行为，研究的是特定群体的智能而非广泛群体的智能。总结这些分支，智能控制的方法具有"没有算法解""知识系统＋推理模型"等共同特征，在知识自动化中发挥着重要的作用。

　　本书以高校本科生、研究生为读者对象，系统阐述了智能控制的几个主要分支理论的概论、框架、流程和方法，并选用发电行业的典型过程作为对象进行应用案例介绍，希望有助于读者全面深入地了解智能控制理论及方法。本书共 6 章：第 1 章概述了智能控制的发展历史、现状及应用，重点介绍了智能控制概念和结构框架；第 2 章介绍了控制系统数字仿真方法，为后续章节的应用案例仿真服务；第 3 章论述了经典优化方法和群体智能优化方法的异同，详细介绍了单纯形法、遗传算法、蚁群算法、粒子群算法等优化算法的基本原理及流程，借助具体实例描述了优化方法在控制器参数寻优及模型辨识中的应用；第 4 章论述了智能辨识方法，将群体智能优化方法推广到模型参数辨识；第 5 章介绍了模糊控制的数学基础，论述了经典模糊控制器和 TS 模糊控制器的设计方法和应用案例，为模糊控制器的工程应用提供参考；第 6 章介绍了神经网络结构及其学习方法、典型浅层神经网络，论述了神经网络在系统辨识、故障诊断和过程控制中的应用方法。

本书注重理论联系实际，书中使用的实例基本都具备工程应用背景，并提供了仿真程序的源代码，为了方便读者理解书中的内容和设计程序，书中的程序采用 MATLAB 和 Python 的基本语句编写，读者可以根据自己的喜好和知识背景选择。

本书由华北电力大学张悦、董泽、翟永杰编写，上海电力大学彭道刚教授主审。书中的部分内容来源于作者所在研究团队的研究成果，部分内容引用了国内外专家学者的论文和著作，一并列在书后的参考文献中，在此向文献作者表示由衷的感谢。

编　者
2024 年 4 月于华北电力大学

目 录

前言

第1章　概述 ………………………………………………………………… 1
1.1　智能控制理论的发展历史 ……………………………………………… 1
1.2　智能控制的现状及应用 ………………………………………………… 7
本章小结 ……………………………………………………………………… 8

第2章　控制系统数字仿真 ………………………………………………… 9
2.1　计算机仿真 ……………………………………………………………… 9
2.2　连续系统二次建模过程——连续系统的离散化 ……………………… 10
2.3　离散系统的差分方程求取 ……………………………………………… 12
2.4　计算机仿真程序设计 …………………………………………………… 27
本章小结 ……………………………………………………………………… 34
实验题 ………………………………………………………………………… 35

第3章　智能优化理论与方法 ……………………………………………… 36
3.1　控制系统的参数优化问题 ……………………………………………… 36
3.2　单纯形法 ………………………………………………………………… 41
3.3　遗传优化算法 …………………………………………………………… 44
3.4　蚁群优化算法 …………………………………………………………… 53
3.5　粒子群优化算法 ………………………………………………………… 59
本章小结 ……………………………………………………………………… 66
实验题 ………………………………………………………………………… 67

第4章　智能建模理论与方法 ……………………………………………… 68
4.1　建模方法概述 …………………………………………………………… 68
4.2　智能辨识原理 …………………………………………………………… 71
4.3　估计模型的选择 ………………………………………………………… 72
4.4　基于标准粒子群算法的智能辨识 ……………………………………… 77
4.5　应用实例 ………………………………………………………………… 81
本章小结 ……………………………………………………………………… 87
实验题 ………………………………………………………………………… 87

第5章　模糊控制 …………………………………………………………… 88
5.1　模糊控制概述 …………………………………………………………… 88
5.2　模糊控制的数学基础 …………………………………………………… 89
5.3　基本模糊控制器设计 …………………………………………………… 106

5.4　带自调整因子的模糊控制器设计 ·· 121

5.5　模糊与 PID 复合控制 ·· 126

5.6　TS 模糊模型控制 ·· 133

本章小结 ··· 137

实验题 ··· 137

第 6 章　神经网络及神经网络控制 ··· 139

6.1　生物神经元和人工神经元 ·· 139

6.2　神经网络的结构及学习方法 ·· 144

6.3　典型的浅层神经网络 ·· 147

6.4　神经网络故障诊断 ·· 154

6.5　神经网络控制 ·· 156

本章小结 ··· 164

实验题 ··· 165

参考文献 ··· 166

第 1 章　概　　述

1948 年诺伯特·维纳（Norbert Wiener）发表了著名的《控制论》一书，控制论的思想和方法逐步渗透到了几乎所有的自然科学和社会科学领域。在书中，维纳把控制论看作是一门研究机器系统、生命系统乃至社会系统中控制和通信一般规律的科学，更具体地说，是研究动态系统在变化的环境条件下如何保持平衡状态或稳定状态的科学。维纳特意创造"Cybernetics"这个英语新词来命名这门科学。

在控制论中，"控制"被定义为通过获得并使用信息改善某个或某些受控对象的功能，以这种信息为基础选出的施加于该对象上的作用。控制的基础是信息，而任何控制又都有赖于信息反馈实现。信息反馈是控制论的一个极其重要的概念。通俗来说，广义上的控制体现是处理问题过程中的合理行为。

"控制论"是关于生命体、机器和组织的科学。控制论的出现引发了人们广泛的关注，同时也掀起了机器与人的讨论，很大程度上促进了智能控制和人工智能的发展。

1.1　智能控制理论的发展历史

要想弄清楚智能控制理论的发展历史，首先要了解自动控制理论的形成与发展过程。自动控制理论被很多专家和学者公认为是 20 世纪取得的伟大成就之一。控制理论与社会生产及科学技术的发展息息相关。计算机科学的发展又推动了控制理论的发展，计算机已经成为控制系统分析和设计的有力计算工具，是实现现代工程自动控制不可缺少的设备。自动控制与计算机已经渗透到当今社会中的每一个角落。

经典控制理论、现代控制理论和先进控制理论是控制理论发展的三个重要阶段，所面对的外部环境和被控对象存在明显的不同，现代控制理论是经典控制理论的完善与补充。先进控制理论随科学技术的进步不断发展，是控制理论与计算机以及其他一些先进技术融合的产物。

1.1.1　经典控制理论

经典控制理论主要解决的是单输入单输出控制系统的分析与综合问题。1769 年，瓦特（James Watt）发明了控制蒸汽机转速的飞球离心控制器，控制的思想开始用于工业控制。1868 年，麦克斯韦（J. C. Maxwell）利用线性常微分方程分析瓦特调速器的稳定性，开始了在时域里对系统进行分析。19 世纪末，劳斯（E. J. Routh）和霍尔维茨（A. Hurwitz）分别提出了根据代数方程直接进行稳定性判别的方法，奠定了时域分析法的基础。1932 年，奈奎斯特（Harry Nyquist）提出了负反馈系统的频域稳定性判据，利用控制系统的频率响应实验数据，即可判断系统的稳定性。1940 年，伯德（H. Bode）进一步研究通信系统频域方法，提出了频率响应的对数坐标图描述方法，形成了经典控制理论中的频域分析法。

1943 年，霍尔（A. C. Hall）用传递函数和方框图，将通信工程的频率响应方法和机械工程的时域方法统一起来，人们称此方法为复频域方法。复频域分析法主要用于描述反馈放大器的带宽和其他频域指标。

第二次世界大战结束时，经典控制技术和理论基本建立。1948 年，伊文斯（W. R. Evans）又进一步提出了属于经典方法的根轨迹设计法，它给出了系统参数变换与时域性能变化之间的关系。至此，复频域的方法得到了进一步完善。

1948 年，维纳教授的《控制论》一书出版，标志着控制理论体系已经形成。1954 年，我国著名科学家钱学森总结多年的研究成果并出版了《工程控制论》，将控制理论用于工程实践。

经典控制理论时期，因为没有计算机，不能求解工程中的微分方程，所以才有了复频域方法，以传递函数作为系统数学模型描述，利用草图和表进行控制系统的分析和设计。这种方法的优点是可通过实验方法建立数学模型，物理概念清晰；缺点是只适应单变量线性定常系统，对系统内部状态缺少了解，而且用复频域方法研究时域特性得不到精确的结果，解决不了复杂系统或者大型工程问题。

1.1.2 现代控制理论

20 世纪 50 年代中后期，随着空间技术的发展，控制系统变得越来越复杂，描述单输入单输出系统的传递函数已不能描述复杂的多变量系统和非线性系统。计算机技术的进步为控制理论的发展提供了计算手段，日益丰富的数学理论也为控制理论的进步提供了基础理论支撑。现实的需求促进了科学理论的发展，出现了现代控制理论的代表——状态空间法。它采用状态空间描述取代了传递函数描述，对系统的分析直接在时间域内进行，集中表现为用系统的内部研究代替了外部研究，从而大大地扩充了所能处理问题的范围。

1960 年，卡尔曼（R. E. Kalman）提出了著名的卡尔曼滤波器，在控制系统研究中引入了状态空间法，并提出了能控性、能观性的问题，奠定了现代控制理论的基础。这个阶段，现代控制理论的典型代表还有：1954 年，贝尔曼（R. Bellman）提出了实现最优控制的动态规划理论；1956 年，庞特里亚金（L. S. Pontryagin）提出了极大值原理；1960 年，卡尔曼提出的多变量最优控制和最优滤波理论。

最优控制是现代控制理论的核心和主要内容，在满足一定约束条件下，寻求最优控制策略，使得系统的某个性能指标达到最大或者最小。最优控制依赖于对象的数学模型，显然，对象的模型会随外部环境的变化而变化，在线辨识系统的数学模型和自适应控制也属于现代控制的研究范畴。

在现代控制理论阶段，计算机还没有像现在这样普及，计算机的应用还仅限于航空航天、军事等领域，现代控制理论的应用也局限于这些领域。在民用的工程实际中，人们还是应用经典控制理论进行科学研究。因此，现代控制理论的发展速度是很缓慢的。

1.1.3 先进控制理论

在现代工程中，被控对象的复杂性体现在：模型的不确定性、高度非线性、动态突变和多时间尺度等。而环境的复杂性表现为变化的不确定性和难以辨识。因此，试图用传统的控制理论和方法解决复杂的对象、复杂的环境和复杂的任务是不可能的。

随着计算机的普及，涌现出一批新型的控制理论和方法，这些控制方法结构复杂，不借助计算机根本无法实现。这些控制方法已经成为自动控制理论的重要分支。例如：现代频域方法，该方法以传递函数矩阵为数学模型，研究多变量线性定常系统；自适应控制理论和方法，该方法以系统辨识和参数估计为基础，处理被控对象不确定和缓时变，在实时辨识基础上在线确定最优控制规律；鲁棒控制方法，在保证系统稳定性和其他性能基础上，设计不变的鲁棒控制器，以处理数学模型的不确定性；预测控制方法，该方法为一种计算机控制算法，在预测模型的基础上采用滚动优化和反馈校正，可以处理多变量系统。当使用这些控制策略对系统进行控制时，所面临的设计和校正的任务就是根据系统性能指标研究、设计这些控制策略的结构和参数。

另外，随着控制理论应用范围的扩大，从个别小系统的控制，发展到对若干个相互关联的子系统组成的大系统进行整体控制，人们开始了对大系统理论的研究。通常把该理论也归结为先进控制理论的研究范畴。

先进控制理论的特征是：控制算法变成以计算机为基础、以时间域分析为主要方法，直接寻找满足目标的控制律。

智能控制属于先进控制理论范畴。它的指导思想是依据人的思维方式和处理问题的技巧，解决那些目前需要人的智能才能解决的复杂的控制问题。它的主要特征是：不依赖于对象数学模型、没有算法解、数学解析模型＋知识系统。智能控制是很多控制方法的统称，重要的分支包括模糊控制、神经网络控制、专家控制、基于群体智能优化算法的智能控制等。

1.1.4 智能控制的发展历史

现在工程中，建立被控对象的精确模型基本是不可能的，这就决定了依赖对象模型的经典控制方法已经不再适应时代的发展。当面对复杂环境时，人能够表现出更加智能的行为。从理论上讲，只要人能控制的系统就能进行自动控制。但是，怎样把人的经验和智能行为转换成数学算法，是一个比较困难的问题。在这个问题上，人工智能给出了解决方案。

所谓人工智能，美国斯坦福大学人工智能研究中心的著名学者尼尔逊（Nilson）教授是这样定义的："人工智能是关于知识的学科——怎样表示知识以及怎样获得知识并使用知识的科学。"而美国麻省理工学院的温斯顿（Winston）教授认为："人工智能就是研究如何使计算机去做过去只有人才能做的智能工作。"温斯顿的话道出了人工智能的真谛。人工智能研究的是如何通过计算机的软硬件系统模拟人类某些智能行为的基本理论、方法和技术。研究的终极目标是如何用计算机系统来模拟人的思维过程和智能行为。虽然目前的研究离终极目标还很遥远，但是初级阶段的人工智能已经得到了广泛的应用。特别是在控制领域，人工智能已经得到了成功的应用。

然而智能控制并不等同于人工智能，二者既有联系又相互区别。现阶段的智能控制等同于低阶段的人工智能与自动控制的结合。

20 世纪 70 年代，美国普渡大学教授傅京孙（king-sun Fu）提出把人工智能的直觉推理方法用于机器人控制和学习控制系统，并将智能控制概括为自动控制和人工智能的结合。1985 年电气电子工程师协会（IEEE）在美国召开智能控制专题讨论会，1987 年又在美国召开了智能控制的首届国际学术会议，标志着智能控制作为一个新的学科分支正式被控制界承认。傅京孙教授在普渡大学的同事萨里迪斯（George N. Saridis）对智能控制的发展起着重要的作用，他将分层递阶系统的结构框架和运筹学与决策论引入智能控制，并提出了历史上深具影响的"组织－协调－执行"三层结构和相应的"智能增加，精度减少"的分层设计原理。智能控制不同于经典控制理论和现代控制理论的处理方法，它研究的主要目标不仅仅是被控对象，还包含控制器本身。控制器不再是单一的数学模型，而是数学解析和知识系统相结合的广义模型，是多种知识混合的控制系统。

智能控制是一类具有共同特征的算法的统称，包括模糊控制、神经网络控制、基于群体智能优化算法的智能控制、专家控制、强化学习控制和智能自适应控制等。常见的智能控制可以分为四大类。

1. 模糊控制

模糊控制的研究起始于模糊逻辑数学，模糊集合和模糊数学的概念是由美国加州大学伯克利分校的著名教授扎德（L. A. Zadeh）在他的 *Fuzzy Sets*、*Fuzzy Algorithm* 和 *A Retionnale for Control* 等著名论著中首先提出的。模糊数学为模糊控制奠定了理论基础。1974 年，英国伦敦大学的马丹尼（E. H. Mamdani）教授成功将模糊控制用于实验性的小型蒸汽机系统，取得了比传统控制更好的控制效果，模糊控制得到了学术界和工业界的广泛关注。1985 年，日本学者高木（Takagi）和菅野（Sugeno）提出了 T－S 模糊模型，用于非线性动态系统的模糊动态建模。基于 T－S 模糊模型的模糊控制得到了广泛的关注与研究。

相比较其他的智能控制分支，模糊控制的工程应用最为广泛，比较典型的模糊控制应用有热交换过程控制、磨煤机控制、水泥窑控制、电梯控制、交通信号灯控制、机器人控制和家用电器控制等。

2. 神经网络控制

人工智能是用数学算法模拟人的大脑的思维过程，人工神经网络是用数学算法模拟人的大脑的生物神经系统。神经生物学和神经解剖学的研究结果表明，人的大脑是由 1000 多亿个神经元交织在一起组成的一个极其复杂的网络系统。它能掌管人类的智能、思维、情绪等高级精神活动。神经网络控制就是利用人工神经网络的学习能力、泛化能力、推理能力、信息分布存储能力及并行处理能力完成只有人的智能才能完成的控制。

神经网络的研究起源于 20 世纪 40 年代，到目前为止经历了五个阶段：①启蒙期（1890～1969 年）；②低潮期（1969～1982 年）；③复兴期（1982～1986 年）；④新应用时期（1986～2006 年）；⑤人工智能时期（2006 年至今）。

人工神经网络发展过程中的重要事件如下：1943 年，美国神经生理学教授麦卡洛克（W. S. McCulloch）和数学家皮茨（W. Pitts）提出了描述脑神经细胞动作的数学模型，即 M－P 模型，它是第一个神经网络模型，通过 M－P 模型提出了神经元的形式化数学描述和网络结构方法，证明了单个神经元能执行逻辑功能，开创了人工神经网络研究的时代；

1957 年，美国科学家罗森布拉特（E. Rosenblatt）提出了描述信息在人脑中储存和记忆的数学模型，即感知机模型，该模型包含了现代计算机的一些原理，是第一个完整的人工神经网络，也是第一次把神经网络研究付诸工程实现；1972 年，芬兰赫尔辛基大学教授科霍恩（Kohonen）提出了自组织映射（Self-Organizing Maps，SOM）的模型；1982 年，美国物理学家霍普菲尔德（Hopfiled）提出了 Hopfield 神经网络模型，该模型通过引入能量函数，给出了网络稳定性判断，实现了问题优化求解；1984 年，辛顿（Hinton）等人将模拟退火算法引入到神经网络中，提出了玻尔兹曼机（Boltzmann Machine，BM）网络模型，BM 网络算法为神经网络优化计算提供了一个有效的方法；1986 年，鲁梅尔哈特（D. E. Rumelhart）和麦克莱伦德（J. L. Mcclelland）提出了误差反向传播（Back Propagation，BP）算法，BP 网络成为至今为止影响很大的一种网络学习方法；1988 年，布鲁姆黑德（Broom head）和罗维（Lowe）探讨了径向基函数（Radial Basis Function，RBF）用于神经网络设计与传统插值领域的不同特点，提出了一种三层结构的 RBF 神经网络。为适应人工神经网络的发展，1987 年成立了国际神经网络学会，并决定定期召开国际神经网络学术会议；1988 年 1 月，《神经网络》（Neural Networks）创刊；1990 年 3 月，IEEE 神经网络汇刊（IEEE Transaction on Neural Networks）问世；我国于 1990 年 12 月在北京召开了首届神经网络学术大会，并决定以后每年召开一次；1991 年在南京成立了中国神经网络学会；1992 年，IEEE 与国际神经网络协会（INNS）在北京召开国际神经网络联合会议（IJCNN）。这些为神经网络的研究和发展推动人工神经网络步入了稳步发展的时期。

2006 年，辛顿（Hinton）提出了深度置信网络（Deep Belief Networks，DBN），它是一种深层网络模型。通过使用一种贪心逐层无监督训练方法来解决问题并取得良好结果。DBN 的训练方法不仅降低了学习隐藏层参数的难度，而且该算法的训练时间与网络的大小和深度近乎呈线性关系。

区别于传统的浅层学习，深度学习更加强调模型结构的深度，明确特征学习的重要性，通过逐层特征变换，将样本元空间特征表示变换到一个新特征空间，从而使分类或预测更加容易。与人工规则构造特征的方法相比，利用大数据来学习特征，更能够刻画数据的丰富内在信息。

相较浅层模型，深度模型具有巨大的潜力。在有海量数据的情况下，很容易通过增大模型来提高正确率。深度模型可以进行无监督的特征提取，直接处理未标注数据，学习结构化特征。随着图形处理器（Graphics Processing Unit，GPU）、现场可编程门阵列（Field Programmable Gate Array，FPGA）等器件被用于高性能计算，神经网络硬件和分布式深度学习系统的出现，使深度学习的训练时间大幅缩短，人们可以通过单纯地增加使用器件的数量来提升学习的速度。深层网络模型的出现，使得世界上无数难题得以解决，深度学习已成为人工智能领域最热门的研究方向。

3. 基于群体智能算法的智能控制

群体智能指的是由某一类生物的个体所组成的群体，在某些方面能够表现出远超个体能力的智能行为。例如，在人类繁衍的过程中，人类进化就是群体智能，遵循适者生存、优胜劣汰的规律，通过个体间的遗传、变异、选择和淘汰实现繁衍，并且后代个体在某方面的平均水平要优于前代个体。而群体智能算法的任务就是根据这个规律设计出数学算法，并完成迭代优化的任务。蚁群和粒子群（鸟群）也能表现出群体智能。一群蚂蚁和一群鸟寻找食物时，会找到一条最优的路径。通过数学的方法模拟出它们觅食的过程，就能完成某一类问题的优化。

在群体智能算法中，遗传算法（Genetic Algorithm，GA）发展得最早。遗传算法源于遗传学，借鉴了生物进化中自然选择的法则，用于解决科学研究和工程实际所遇到的各种搜索和优化问题。遗传算法是由美国密歇根大学霍兰德（Holland）教授在 1962 年提出的，到 20 世纪 60 年代末遗传算法才形成数学框架。在 1992 年 IEEE 神经网络委员会（NNC）召开了首届 IEEE 进化计算国际会议，才真正拉开对进化计算研究的序幕。

蚁群算法（Ant Colony Optimization，ACO）是模仿群居生活的蚂蚁的仿生算法，最初是由意大利学者多里戈（Dorigo M）于 1991 年提出。最开始用于求解旅行商问题（Traveling Salesman Problem，TSP）、分配问题和车间作业（job-shop）调度问题。随着影响力的提升，该算法逐渐引起了其他学者的注意，并用来研究图着色问题、布线问题等。随着蚁群算法理论的完善，该算法也被应用于连续空间的优化问题。

粒子群算法（Particle Swarm Optimization，PSO）是模拟鸟群搜索食物的一种进化算法，它与遗传算法相似，但比遗传算法规则更为简单，通过追随当前搜索到的历史最优值和局部最优值来寻找全局最优解。这种算法因具有实现容易、精度高、收敛快等优点而受到了学术界的重视，并且在解决实际问题中展示了其优越性。

相较于传统的优化算法，群体智能优化算法的不同主要表现在搜索过程和信息传递两个方面。除了前面提到的几种算法以外，群体智能算法还包括人工免疫算法、萤火虫算法、细菌觅食算法、布谷鸟算法、鱼群算法、羊群算法、狼群算法、蜜獾算法等生物群体智能算法以及烟花算法、水滴算法、头脑风暴算法等人工群体智能算法。

4. 专家系统

专家系统（Expert System，ES）是人工智能的一个非常重要的应用领域，它标志着人工智能从一般思维规律探索走向专门知识利用，从理论走向实际应用。专家控制的思想是将行业专家（人）的运行经验用计算程序来描述，实质上是一个具有大量专门知识和经验的计算机程序系统，能够以行业专家的水平完成某一专业领域比较困难的任务。计算机程序模拟的专家控制系统必须有人类专家的各种功能：

（1）专家知识。专家知识存放在专家系统的知识库中，知识库的核心内容是知识的表示法。

（2）专家推理、判断。专家系统中的推理机根据当前的输入数据或信息，利用知识库中的知识，按照一定的推理策略处理、解决当前的问题。

（3）专家知识的获取。人类专家可以通过书本、工程实践、科学研究、跟其他专家学习等方法获取知识，专家系统获取知识就必须设计一组程序，使它能删除知识库中原有的知识，并能将从专家那里获取的新知识加入知识库中，还能根据实践结果发现原知识库中不适用或有错的知识，从而不断地增加知识库中的知识，使系统能做更复杂的事情。

（4）专家结论发布。人类专家得到结论后，可以通过很多方式发布出去，对于由计算机程序组成的专家系统，必须设计一个专用程序，向用户解释专家系统所做出的推理结果，并回答用户的问题。

最早的专家系统是由美国斯坦福大学费根鲍姆（E. A. Feigenbaum）教授在 1965 年设计开发的，用来解决化学质谱分析问题。在 20 世纪 80 年代以后，专家系统获得了快速的发展。

1.2　智能控制的现状及应用

智能控制在控制领域的应用主要集中在系统建模、优化与控制三个方面，建模与优化也属于控制领域研究的范畴。

模糊控制是非线性领域的一种控制方法，其研究对象一般难以建立精确数学模型，通过模糊化、模糊语言变量、模糊规则、模糊推理和模糊决策，实现被控对象的智能控制。针对模糊控制，国内外有很多丰富的研究成果，例如模糊 PID（Proportional Integral Derivative，PID）控制、自适应模糊控制、神经模糊控制、群体智能算法的模糊控制等。

传统 PID 控制器由于自身的局限性，无法实现对时变非线性对象的高精度控制，而模糊PID 控制就是针对 PID 这个局限进行的设计。根据模糊控制与 PID 控制不同的连接方式或者不同的作用，可以分为串联型模糊 PID 控制、并联型模糊 PID 控制以及模糊自整定 PID 控制。其中模糊自整定 PID 控制实用意义更大，根据 PID 的三个参数对控制指标的影响，利用模糊控制原理实现三个参数的在线修改，从而使控制系统具有良好的动态和静态性能。另外也有文献把专家系统理论应用于模糊 PID 控制器中，提出了专家模糊自适应 PID 控制器，针对大滞后系统，这种控制器具备精度高、稳定性好、鲁棒性好、快速性好等优点。

自适应模糊控制是指具有自适应学习算法的模糊逻辑系统，依靠采集的信息调整模糊控制系统的参数。与传统的自适应控制相比，自适应模糊控制的优越性在于它可以利用操作人员提供的模糊语言信息，这一点对具有高度不确定因素的系统尤其重要。自适应模糊控制有两种不同形式：一种是直接自适应模糊控制，即根据实际系统性能与理想性能之间的偏差直接设计模糊控制器；另一种是间接自适应模糊控制，即通过在线模糊逼近获得对象的模型，然后根据所得模型在线设计模糊控制器。

模糊神经网络是将神经网络的自学习能力与模糊逻辑推理的知识结构结合在一起，其优势在于非线性逼近能力，本质上是神经网络的结构，模糊系统的功能。例如，文献［24］针对一类具有完全未知函数和未知死区输入的非线性单输入单输出（Single Input Single Output，SISO）系统，设计了基于自适应模糊神经观测器。两者的结合，主要体现在以下几个方面：对神经网络进行了扩展，使得神经网络可以去除模糊问题；利用神经网络实现模糊规则的自适应调整；利用模糊技术改善神经网络的学习性能。

模糊控制系统中模糊规则是关键，决定了模糊控制器的性能，如何合理地设计模型规则一直是模糊控制器的难点。从优化的角度，可以利用群体智能优化算法更加合理地设计模糊规则。文献［25］实验了利用遗传算法改进模糊控制规则。

前面提到的模糊控制几乎都属于Ⅰ型模糊系统，相比较而言，Ⅱ型模糊系统在模糊语言集、隶属度函数设计方面更加符合人们对问题的认知，只是由于结构复杂、计算量大，因此不如Ⅰ型模糊系统应用更加普遍。随着研究问题的日益复杂，尤其是在数据高度不确定等场合，区间Ⅱ型模糊控制器相对于Ⅰ型模糊器具有更好的性能。文献［26］介绍了以一种区间Ⅱ型模糊比例积分滑模控制器来控制一类非线性系统。

与其他的智能控制分支相比，模糊控制在工程中应用最早。在1974年，英国伦敦大学玛丹尼教授（E. H. Mamdani）首先利用模糊控制器控制锅炉和汽轮机的运行，并在实验室中获得成功。随后，模糊控制在工业生产中的温度控制、热水装置控制、热交换过程控制、压力容器中的液位和压力控制、大型电站中的磨煤机控制、锅炉燃烧控制、汽车速度自动控制、废水处理过程控制、水泥窑控制等过程中都得到了成功的应用。这些应用解决了过程控制中非线性、强耦合、时变和大滞后等难题。

神经网络具有联想记忆能力、自学习能力、并行信息处理能力、非线性函数逼近能力以及良好的容错能力，逐渐成为控制领域的研究热点。但是神经网络的学习速度较慢，并不适于变化速度较快系统的实时控制。早期，常见的神经网络包括BP神经网络、RBF神经网络、自组织神经网络和Hopfield反馈型神经网络等。目前，其最成功的应用是在建模及模式识别上。神经网络控制是结合了神经网络和控制理论而逐步发展起来的控制方法，它为复杂非线性、不确定性和未知系统的控制问题提供了一种新的思路，成熟的理论包括单节点神经网络控制系统、神经网络内模控制等。

群体智能算法需要迭代计算，因此不适合在线应用。如果要在线实时使用，那只能是变化速度较慢的系统。群体智能主要用在离线的控制系统参数优化上，目前也用于系统建模。

本 章 小 结

本章介绍了智能控制理论的组成、发展历史及现状，总结了智能控制理论的定义和特征以及智能控制系统的结构。

（1）智能控制理论的定义及特征。到目前为止，智能控制还没有一个统一标准化的概念，它是一类理论或者方法的统称，这些方法具有共同的特征，主要表现在：在被控对象方面，智能控制系统的被控对象没有一个准确的数学模型，能够解决非线性、不确定性、信息不完全性、含人因复杂性等复杂控制问题；在知识获取方面，智能控制通过直觉、学习和经验获取和积累知识，并且这些知识往往是模糊的、不精确的；在系统描述方面，智能控制通过经验和规则符号描述；在处理方法方面，智能控制是通过学习训练、逻辑推理、分类判断、优化决策等符号加工、仿生拟人的方法；在性能指标评价方面，智能控制没有统一的性能指标，注重实际问题的解决效果。

（2）智能控制系统的结构。萨里迪斯以智能机器人为背景，提出了对后世影响深远的分层递阶的智能控制系统框架结构。他将运筹学、决策论和系统动力学引入智能控制，提出"组织-协调-执行"的思路：自上而下，控制精度越来越高；自下而上，信息回馈越来越粗；自下而上，智能水平越来越高。

第 2 章　控制系统数字仿真

计算机仿真技术是随着计算机和计算方法的发展而发展的。仿真技术在人们平时的生活、学习和工作中扮演着重要的角色，借助于计算机仿真，可以便捷地了解复杂动态系统的演化机理，验证控制方案。因此，先进控制理论的研究离不开控制系统的数字仿真技术，为了后续智能控制理论及算法的学习和实验，本章讲述控制系统数字仿真技术[3]。

2.1　计 算 机 仿 真

计算机仿真是指利用计算机对复杂系统的结构、功能和行为以及参与系统控制的人的思维过程和行为进行动态性比较逼真的模仿。利用计算机实现复杂系统行为的模拟，大致可以分为四个步骤：

（1）建立系统的数学模型（也称为一次建模过程）。利用机理分析或者实验的方法建立系统的数学模型。机理分析也称为白盒法，需要提前知道系统本身的细节，包括系统内部结构、不同部分的连接和相互关系。对于发电过程的数学模型，机理分析就是利用能量守恒、质量守恒和动量守恒的原理构建微分方程描述的数学模型。而实验的方法是通过对一个系统加入不同的输入信号，观测其输出。根据输入和输出信号，用一个或者几个数学表达式描述系统的输入和输出之间的关系，这种方法建立的数学模型不能够描述系统的内部机理和结构。对于发电过程而言，常见的实验建模的方法包括飞升曲线法和基于数据驱动的系统辨识法。

（2）数学模型的转换（也称为二次建模过程）。通过一次建模获得的数学模型，一般是微分方程、偏微分方程、代数方程或者传递函数等形式，计算机没有办法直接对这些模型进行求解，必须把它们转换成计算机算法语言能够描述的形式。这个转换过程是计算机仿真的关键环节，转换过程中的模型精度决定了计算机仿真的精度。

（3）计算机仿真程序设计。完成二次建模过程以后，还需要通过编写仿真程序，实现仿真结果的显示。早期的计算机仿真语言包括 Fortran、C＋＋等，目前流行用 Python 等语言。此外，有些高级算法语言或者仿真软件可以直接求解微分方程或者传递函数，例如常用的 MATLAB 软件等。

（4）仿真结果的验证。通过与实际数据的对比实现仿真结果的验证，判断数学模型和仿真程序是否准确。

四个步骤中：第 1 步属于系统建模的研究范畴，本书不再进行详细叙述；第 2～4 步是计算机仿真的重要组成步骤，下面对其进行详细介绍。

2.2 连续系统二次建模过程——连续系统的离散化

控制系统的数字仿真本质上就是控制系统的各种数学模型在数字计算机上求解的过程。控制系统的动态模型一般用常微分方程、状态方程和传递函数来描述，它的响应是随时间连续变化的。而连续系统的解析解无法用计算机求出，只能求出其近似数值解。也就是说，只能得到连续响应曲线上的有限个采样时刻的数值。为此，必须将连续系统离散化，得到差分方程，再用计算机求解，这就是将微分运算转化为算术运算的过程。

设一线性定常系统为

$$\dot{X} = AX + BU \tag{2-1}$$
$$Y = CX + DU \tag{2-2}$$

式中：X 为 $n \times 1$ 维状态向量；U 为 $r \times 1$ 维输入向量；A 为 $n \times n$ 维状态矩阵；B 为 $n \times r$ 维输入矩阵；Y 为 $m \times 1$ 维输出向量；C 为 $m \times n$ 维输出矩阵；D 为 $r \times m$ 维传递矩阵。

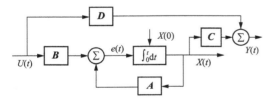

图 2-1 一般线性定常系统的结构图

此系统的结构图如图 2-1 所示。

为了将这个连续系统变成离散系统且与原系统相似，在系统的入口和出口处各加上一个采样周期为 T 的采样开关，在入口处再加入一个保持器（H）和补偿器（c），如图 2-2 所示。

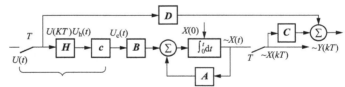

离散(采样开关)－再现(保持器和补偿器)环节

图 2-2 式（2-1）和式（2-2）所示系统的离散相似系统结构图

系统的输入信号 $U(t)$ 离散后经过再现环节 H，使得离散后的信号又基本再现了原样。但此时的 $U_h(t)$ 已经是 $U(t)$ 的一种近似，无论使用什么样的保持器，都不可能恢复成原来的函数。为了提高再现（恢复）后的精度，有时在保持器后面（或前面）加入一个补偿器。

图 2-2 所示系统中，$\sim X(kT)$ 与原系统（见图 2-1）中的 $X(t)$ 相似，而该系统中的 $\sim Y(kT)$ 序列与原系统的 $Y(t)$ 在 $t = 0$，T，$2T$，…各时刻的值相似，它们的相似程度取决于使用的再现环节。如果采样周期 T 选择得足够小，在采样点上各时刻的值就能代表系统的解析解值，把这些点连成曲线就能代表解析解曲线。

由图 2-2 所示的离散结构即可导出连续系统离散后的离散数学模型，即差分方程。由于这个过程使得离散系统与连续系统相似，因此称为离散相似法。

对于式（2-1）所示系统，还可以将离散－再现环节加在系统的积分器处，如图 2-3 所示。这样就不用处理微分方程，而是通过将积分运算转换为代数运算，实现求取系统数值解的过程。通过构造一个积分器，求出积分器的差分方程，这种方法叫作数值积分法。离散相似法和数值积分法是二次建模过程两种常见的方法，可以获得等效精度的差分方程形式的数学模型。

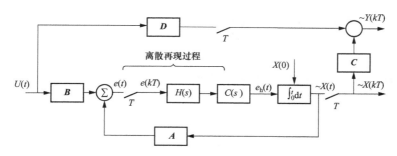

图 2-3　线性定常系统的另一种离散相似系统框图

严格地讲，系统输出处的采样开关后面也应加上再现环节，才能与原系统相似。但是在仿真时，用计算机只能得到离散序列的解，所以输出处的再现环节加或不加对于离散解序列都是一样的。实际上加或不加输出处的采样开关也无所谓，只要认为离散后的系统与原系统在采样点上的输出值近似相等即可。

在实际中常用的保持器有零阶、一阶、三角和滞后三角保持器。由于一阶、滞后三角保持器结构较复杂，物理上很难实现，精度不高，因此实际应用较少。这里介绍常用的零阶保持器和三角保持器。

1. 零阶保持器

零阶保持器的定义式为

$$U_{\mathrm{h}}(t)=U(kT), \quad kT \leqslant t < (k+1)T \tag{2-3}$$

由于这种保持器的结构及使用的离散模型都比较简单，计算速度较快，因此零阶保持器在实际工程及仿真中得到了广泛的应用。

但是使用这种保持器时应注意，任何信号通过它都会使信号的高频分量产生明显的相滞后，通常由零阶保持器再现的函数 $U_{\mathrm{h}}(t)$ 比 $U(t)$ 平均滞后 $\dfrac{T}{2}$。这意味着使用零阶保持器会给仿真结果带来较大的误差。经零阶保持器再现后的函数 $U_{\mathrm{h}}(t)$ 如图 2-4 所示。

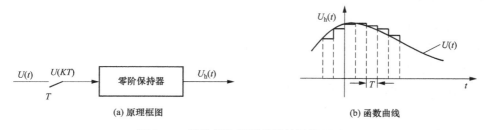

图 2-4　零阶保持器再现后的函数 $U_{\mathrm{h}}(t)$

从上面的保持器特性可以看出，要想使保持器引起的失真足够小，采样频率就要足够高。也就是说，在仿真计算时，为了使结果准确，计算步距就得足够小。这样势必要增加计算时间。为了使计算速度较快又不使误差过大，应当加入一个补偿环节。从图 2-4 可以看出，零阶保持器再现后的信号一般都有相位移，曲线上升时，再现后信号的幅值有所衰减；曲线下降时，幅值有所增加。所以通常采用超前装置进行补偿，即采用超前半个周期的补偿（即取 $c = e^{\frac{T}{2}s}$）抵消零阶再现过程引入的滞后影响，而幅值不进行补偿。

在仿真中所采用的补偿器的数学表达式一般为

$$c = \lambda e^{\gamma Ts} \tag{2-4}$$

式中：λ 为幅值补偿；γ 为相位补偿，它们均为正数。相关研究表明，λ 和 γ 通常都取 1 较为合适。

2. 三角保持器

三角保持器是一种理想保持器，物理上不能实现，数学上也不能实现，除非它所再现的信号为一已知信号。这一点从下面的定义中可以看出。

三角保持器定义为

$$U_h(t) = U(kT) + \frac{U[(k+1)T] - U(kT)}{T}(t - kT), \quad kT \leqslant t < (k+1)T \tag{2-5}$$

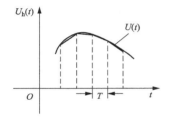

由式（2-5）可以看出，计算区间 $[kT, (k+1)T]$ 中的 $U_h(t)$ 时，需要知道 $U[(k+1)T]$，这就产生了矛盾，这也是实际中不能实现的原因。从三角保持器的定义式中不难看出，所再现的信号已经有超前作用的补偿 $U[(k+1)T]$，因此，当使用三角保持器时，不需要再使用补偿器。

图 2-5　经三角保持器再现后的函数　　经过三角保持器再现后的函数如图 2-5 所示。

从保持器的定义式可看出，零阶保持器能无失真地再现阶跃输入信号，即当输入信号为阶跃函数时，导出的差分方程是精确的。而三角保持器能无失真地再现斜坡输入信号。

2.3　离散系统的差分方程求取

2.3.1　离散-再现环节在系统入口处——离散相似法

2.2 节介绍了由一个连续系统求出它的离散相似系统的方法和过程。当把离散-再现环节加在系统入口处，直接处理系统的微分方程，利用离散相似法可以求出连续系统的离散化数学模型。离散化数学模型用差分方程表示，下面介绍求解方法。

设线性定常系统的状态方程描述为

$$\dot{X}(t) = AX(t) + BU(t) \tag{2-6}$$

式中：A、B 均为常数阵。

接下来对式（2-6）求解。

1. 方法一：利用拉氏变换和拉氏反变换求解

对式（2-6）所列方程两边进行拉氏变换，可得

$$sX(s) - X(0) = AX(s) + BU(s)$$

移项并引入单位矩阵 I，得

$$(sI - A)X(s) = X(0) + BU(s)$$

等式两边乘 $(sI - A)^{-1}$ 可得

$$X(s) = (sI - A)^{-1}X(0) + (sI - A)^{-1}BU(s) \tag{2-7}$$

对上式两边取拉氏反变换，求得方程的解为

$$X(t) = \Phi(t)X(0) + \int_0^t \Phi(t - \tau)BU(\tau)\mathrm{d}\tau \tag{2-8}$$

式中：$\Phi(t)$ 为转移矩阵，且

$$\Phi(t) = L^{-1}\left[(sI - A)^{-1}\right] \tag{2-9}$$

2. 方法二：利用微分和积分的关系求解

在式（2-6）两边左乘 e^{-At}，经整理得

$$\mathrm{e}^{-At}\left[\dot{X}(t) - AX(t)\right] = \mathrm{e}^{-At}BU(t) \tag{2-10}$$

式（2-10）可改写成

$$\frac{\mathrm{d}}{\mathrm{d}t}\left[\mathrm{e}^{-At}X(t)\right] = \mathrm{e}^{-At}BU(t) \tag{2-11}$$

对式（2-11）两边积分并整理，可得到该方程的解为

$$X(t) = \mathrm{e}^{At}X(0) + \int_0^t \mathrm{e}^{A(t-\tau)}BU(\tau)\mathrm{d}\tau \tag{2-12}$$

比较两种方法得到的解式（2-8）与式（2-12），可得到

$$\Phi(t) = \mathrm{e}^{At} = L^{-1}\left[(sI - A)^{-1}\right] \tag{2-13}$$

其中矩阵指数定义式为

$$\mathrm{e}^{At} = I + At + \frac{A^2}{2!}t^2 + \cdots \tag{2-14}$$

3. 求系统的离散解

对于式（2-12），当 $t = kT$ 时

$$X(kT) = \mathrm{e}^{AkT}X(0) + \int_0^{kT} \mathrm{e}^{A(kT-\tau)}BU(\tau)\mathrm{d}\tau \tag{2-15}$$

当 $t = (k+1)T$ 时

$$X\left[(k+1)T\right] = \mathrm{e}^{A[(k+1)T]}X(0) + \int_0^{(k+1)T} \mathrm{e}^{A[(k+1)T-\tau]}BU(\tau)\mathrm{d}\tau \tag{2-16}$$

用式（2-16）减去 e^{AT} 乘式（2-15），整理可得

$$X\left[(k+1)T\right] = \mathrm{e}^{At}X(kT) + \int_{kT}^{(k+1)T} \mathrm{e}^{A[(k+1)T-\tau]}BU(\tau)\mathrm{d}\tau \tag{2-17}$$

在推导式（2-17）的过程中未作任何近似的假设，该式是一种精确的离散值计算公式。但是，当 $U(\tau)$ 是一个复杂的函数时，该式右端的积分是难以求得的。由于该积分的区间长度仅为 T，当 T 较小时，一般来说 $U(\tau)$ 在这个积分区间的变化不大。因此，可以加入采样及再现环节，以使 $U(\tau)$ 在积分区间内为一个简单的特殊函数，从而使该积分容易进行计算。

当使用零阶保持器时，取补偿器的系数 $\lambda = 1$、$r = 0$（即不进行补偿），则有

$$U(t) \approx U_{\mathrm{h}}(t) \qquad kT \leqslant t < (k+1)T \tag{2-18}$$

将式（2-18）及式（2-3）代入式（2-17），并变换积分区间，得

$$X[(k+1)T] = \mathrm{e}^{AT} X(kT) + \left(\int_0^T \mathrm{e}^{At} B \mathrm{d}t \right) U(kT) \tag{2-19}$$

令 $\varPhi(T) = \mathrm{e}^{AT}$，$\varPhi_{\mathrm{m}}(T) = \int_0^T \mathrm{e}^{At} B \mathrm{d}t$

则式（2-19）可改写为

$$X[(k+1)T] = \varPhi(T) X(kT) + \varPhi_{\mathrm{m}} U(kT) \tag{2-20}$$

式（2-20）即为采用零阶保持器再现时系统的差分方程解，计算的关键是确定 $\varPhi(T)$、$\varPhi_{\mathrm{m}}(T)$。如果系统的 A、B 阵是已知的，则离散化后的 $\varPhi(T)$、$\varPhi_{\mathrm{m}}(T)$ 阵即可求出。因此，利用式（2-20）在已知各状态变量初始值的情况下，可以容易地求出不同采样时刻状态变量的数值。

当取补偿器的系数 $\lambda = 1$、$r = 1$（即超前一拍补偿）时，零阶保持器下的差分方程为

$$X[(k+1)T] = \varPhi(T) X(kT) + \varPhi_{\mathrm{m}}(T) U[(k+1)T] \tag{2-21}$$

同理，当使用三角保持器时，式（2-17）中的 $U(\tau)$ 表达式为

$$U(\tau) \approx U(KT) + \frac{U[(K+1)T] - U(KT)}{T} (\tau - KT) \tag{2-22}$$

将式（2-22）代入式（2-17），可得到使用三角保持器再现时系统的差分方程解为

$$X(k+1) = \varPhi(T) X(k) + [\varPhi_{\mathrm{m}}(T) - \varPhi_{\mathrm{n}}(T)] U(k) + \varPhi_{\mathrm{n}}(T) U(k+1) \tag{2-23}$$

式中：$\varPhi(T)$、$\varPhi_{\mathrm{m}}(T)$ 定义同前；$\varPhi_{\mathrm{n}}(T) = \dfrac{1}{T} \int_0^T \mathrm{e}^{At} B(T-t) \mathrm{d}t$。

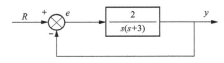

图 2-6 控制系统框图

【例 2-1】 已知某控制系统框图如图 2-6 所示，利用离散相似法求该系统的仿真模型，即差分方程。

解 在环节入口 e 处加一虚拟采样开关及保持器，并变换框图，得到的离散相似系统如图 2-7 所示。

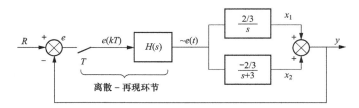

图 2-7 图 2-6 所示系统的离散相似系统

按图示设状态变量，可得该系统的状态空间描述为

$$\begin{bmatrix} \dot{x}_1 \\ \dot{x}_2 \end{bmatrix} = \begin{bmatrix} 0 & 0 \\ 0 & -3 \end{bmatrix} \begin{bmatrix} x_1 \\ x_2 \end{bmatrix} + \begin{bmatrix} \dfrac{2}{3} \\ -\dfrac{2}{3} \end{bmatrix} e \tag{2-24}$$

$$e = R - y \tag{2-25}$$

$$y = x_1 + x_2 \tag{2-26}$$

状态矩阵 $A = \begin{bmatrix} 0 & 0 \\ 0 & -3 \end{bmatrix}$，输入矩阵 $B = \begin{bmatrix} \dfrac{2}{3} \\ -\dfrac{2}{3} \end{bmatrix}$，则

$$e^{At} = L^{-1}\left[(SI-A)^{-1}\right] = L^{-1}\left[\begin{pmatrix} s & 0 \\ 0 & s+3 \end{pmatrix}^{-1}\right] = \begin{bmatrix} 1 & 0 \\ 0 & e^{-3t} \end{bmatrix} \tag{2-27}$$

$$\Phi(T) = e^{AT} = \begin{bmatrix} 1 & 0 \\ 0 & e^{-3T} \end{bmatrix} \tag{2-28}$$

$$\Phi_m(T) = \int_0^T e^{At}B\,\mathrm{d}t = \int_0^T \begin{bmatrix} 1 & 0 \\ 0 & e^{-3t} \end{bmatrix}\begin{bmatrix} \dfrac{2}{3} \\ -\dfrac{2}{3} \end{bmatrix}\mathrm{d}t = \begin{bmatrix} \dfrac{2}{3}T \\ \dfrac{2}{9}(e^{-3T}-1) \end{bmatrix} \tag{2-29}$$

$$\Phi_n(T) = \frac{1}{T}\int_0^T e^{AT}B(T-t)\,\mathrm{d}t = \frac{1}{T}\int_0^T \begin{bmatrix} 1 & 0 \\ 0 & e^{-3t} \end{bmatrix}\begin{bmatrix} \dfrac{2}{3} \\ -\dfrac{2}{3} \end{bmatrix}(T-t)\,\mathrm{d}t = \begin{bmatrix} \dfrac{T}{3} \\ \dfrac{2}{27T}(1-e^{-3T})-\dfrac{2}{9} \end{bmatrix}$$
$$\tag{2-30}$$

则采用零阶保持器时系统解的差分方程为

$$\begin{cases} e(k) = R(k) - y(k) \\ x_1(k+1) = x_1(k) + \dfrac{2}{3}Te(k) \\ x_2(k+1) = e^{-3T}x_2(k) + \dfrac{2}{9}(e^{-3T}-1)e(k) \\ y(k+1) = x_1(k+1) + x_2(k+1) \end{cases} \tag{2-31}$$

采用三角保持器时系统解的差分方程为

$$\begin{cases} e(k) = R(k) - y(k) \\ e(k+1) = R(k+1) - y(k+1) \\ x_1(k+1) = x_1(k) + \dfrac{T}{3}e(k) + \dfrac{T}{3}e(k+1) \\ x_2(k+1) = e^{-3T}x_2(k) + \left[\left(\dfrac{2}{9}+\dfrac{2}{27T}\right)(e^{-3T}-1)+\dfrac{2}{9}\right]e(k) + \left[\dfrac{2}{27T}(1-e^{-3T})-\dfrac{2}{9}\right]e(k+1) \\ y(k+1) = x_1(k+1) + x_2(k+1) \end{cases}$$
$$\tag{2-32}$$

如果把采样开关和保持器加在系统入口 R 处，则得到的离散相似系统框图如图 2-8 所示。

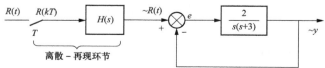

图 2-8　图 2-6 所示系统的另一种离散相似系统框图

把图 2-8 变换成图 2-9 所示形式，并按图示设状态变量，则可得到该系统的状态空间描述为

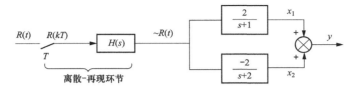

图 2-9　图 2-8 的变换形式

$$\begin{bmatrix} \dot{x}_1 \\ \dot{x}_2 \end{bmatrix} = \begin{bmatrix} -1 & 0 \\ 0 & -2 \end{bmatrix} \begin{bmatrix} x_1 \\ x_2 \end{bmatrix} + \begin{bmatrix} 2 \\ -2 \end{bmatrix} R \tag{2-33}$$

$$y = x_1 + x_2 \tag{2-34}$$

状态矩阵 $\boldsymbol{A} = \begin{bmatrix} -1 & 0 \\ 0 & -2 \end{bmatrix}$，输入矩阵 $\boldsymbol{B} = \begin{bmatrix} 2 \\ -2 \end{bmatrix}$，则

$$\mathrm{e}^{At} = \begin{bmatrix} \mathrm{e}^{-t} & 0 \\ 0 & \mathrm{e}^{-2t} \end{bmatrix} \tag{2-35}$$

$$\Phi(T) = \begin{bmatrix} \mathrm{e}^{-T} & 0 \\ 0 & \mathrm{e}^{-2T} \end{bmatrix} \tag{2-36}$$

$$\Phi_\mathrm{m}(T) = \begin{bmatrix} 2(1-\mathrm{e}^{-T}) \\ \mathrm{e}^{-2T}-1 \end{bmatrix} \tag{2-37}$$

于是得到零阶保持器时的差分方程为

$$\begin{cases} x_1(k+1) = \mathrm{e}^{-T} x_1(k) + 2(1-\mathrm{e}^{-T}) R(k) \\ x_2(k+1) = \mathrm{e}^{-2T} x_2(k) + (\mathrm{e}^{-2T}-1) R(k) \\ y(k+1) = x_1(k+1) + x_2(k+1) \end{cases} \tag{2-38}$$

由此可见，采样器及保持器的位置不同，得到的差分方程也不相同。但应注意，不论离散-再现环节加到哪里，被离散再现的信号都应是状态方程中的输入量。

当系统输入 R 为阶跃函数时，将离散-再现环节放在系统入口 R 处（见图 2-8），采用零阶保持器得到的差分方程是绝对准确的；而将离散-再现环节加在环节入口 e 处（见图 2-7），采用同样的保持器，其差分方程并不准确。这样看来，仿真时离散-再现环节最好放在系统入口 R 处。但应注意到，当系统阶次较高时，求 e^{At} 是很困难的，所以实际上并不都是将离散-再现环节加在系统入口 R 处。此外，为了容易求出 e^{At}，应适当选择状态方程（在上面的例子中，有意识地选择状态阵为对角阵）。但有时求 e^{At} 是容易的，而不容易的是求状态变量的初值（在系统初始条件不为零的情况下），这时必须权衡一下两种因素，再对所用状态方程做出选择。从例 2-1 中可以看到，在系统初值全为零的条件下，转化系统的状态矩阵为对角矩阵时，求 e^{At} 很容易。

当 e^{At} 不容易求取时，可以近似求取。可按 e^{At} 的定义式（2-14）取到 t 的 4 次项，即

$$\mathrm{e}^{At} \approx I + At + \frac{A^2}{2!} t^2 + \frac{A^3}{3!} t^3 + \frac{A^4}{4!} t^4 \tag{2-39}$$

则

$$\Phi(T) = \mathrm{e}^{AT} \approx I + TA + \frac{T^2}{2}A^2 + \frac{T^3}{6}A^3 + \frac{T^4}{24}A^4 \tag{2-40}$$

$$\Phi_{\mathrm{m}}(T) = \int_0^T \mathrm{e}^{At} B \, \mathrm{d}t \approx \left(I + TA + \frac{T^2}{2}A^2 + \frac{T^3}{6}A^3 + \frac{T^4}{24}A^4 \right) B \tag{2-41}$$

$$\Phi_{\mathrm{n}}(T) = \frac{1}{T} \int_0^T \mathrm{e}^{At} B(T-t) \, \mathrm{d}t \approx \frac{1}{T} \left(\frac{T^2}{2}I + \frac{T^3}{6}A + \frac{T^4}{24}A^2 \right) B \tag{2-42}$$

在实际使用时，可在仿真计算前，根据式（2-40）～式（2-42）将 $\Phi(T)$、$\Phi_{\mathrm{m}}(T)$ 和 $\Phi_{\mathrm{n}}(T)$ 一同算出（借助于计算机计算这些矩阵多项式是很容易的），仿真计算就变成了简单的代数运算。

【例 2-2】 利用离散相似法求图 2-10 所示系统的差分方程。

解　对于一个复杂系统加一个离散-再现环节常常是不够用的，因为那样求 e^{AT} 阵比较困难，用人工来求也不可能。为此，在图 2-10 所示的系统中，在含有动态环节的地方加入 4 个离散-再现环节，如图 2-11 所示。

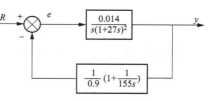

图 2-10　某控制系统框图

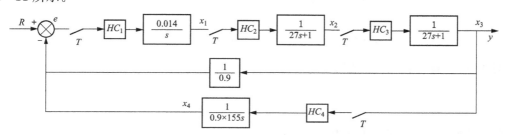

图 2-11　图 2-10 所示系统的离散相似系统

由于每个离散-再现环节都对原来的信号进行了近似，因此这个离散相似系统对原信号进行了 4 次近似。这样一来，就不如在系统中仅加入一个离散-再现环节精确。可以指出，离散-再现环节加得越多，所得到解的精确程度就越差，但求差分方程时就越简单。

由图 2-11 可知，对于 x_1，输入量为 e，状态方程为

$$\dot{x}_1 = 0.014 e \tag{2-43}$$

状态矩阵 $\boldsymbol{A} = 0$，输入矩阵 $\boldsymbol{B} = 0.014$，则

$$\begin{cases} \Phi(t) = 1 \\ \Phi(T) = 1 \\ \Phi_{\mathrm{m}}(T) = \displaystyle\int_0^T 0.014 \, \mathrm{d}t = 0.014 T \\ \Phi_{\mathrm{n}}(T) = \displaystyle\frac{1}{T} \int_0^T 0.014 (T-\tau) \, \mathrm{d}t = \frac{0.014}{2} T \end{cases} \tag{2-44}$$

对于 x_2，输入量为 x_1，状态方程为

$$\dot{x}_2 = -\frac{1}{27}x_2 + \frac{1}{27}x_1 \tag{2-45}$$

状态矩阵 $\boldsymbol{A} = -\dfrac{1}{27}$，输入矩阵 $\boldsymbol{B} = \dfrac{1}{27}$，则

$$
\begin{cases}
\varPhi(t) = \mathrm{e}^{-\frac{t}{27}} \\[2mm]
\varPhi(T) = \mathrm{e}^{-\frac{T}{27}} \\[2mm]
\varPhi_{\mathrm{m}}(T) = \dfrac{1}{27}\displaystyle\int_0^T \mathrm{e}^{-\frac{t}{27}}\mathrm{d}t = 1 - \mathrm{e}^{-\frac{T}{27}} \\[3mm]
\varPhi_{\mathrm{n}}(T) = \dfrac{1}{27T}\displaystyle\int_0^T \mathrm{e}^{-\frac{t}{27}}(T-\tau)\mathrm{d}t = 1 - \dfrac{27}{T}(1 - \mathrm{e}^{-\frac{T}{27}})
\end{cases}
\tag{2-46}
$$

对于 x_3，输入量为 x_2，状态方程为

$$
\dot{x}_3 = -\frac{1}{27}x_3 + \frac{1}{27}x_2 \tag{2-47}
$$

状态矩阵 $\boldsymbol{A} = -\dfrac{1}{27}$，输入矩阵 $\boldsymbol{B} = \dfrac{1}{27}$，则

$$
\begin{cases}
\varPhi(t) = \mathrm{e}^{-\frac{t}{27}} \\[2mm]
\varPhi(T) = \mathrm{e}^{-\frac{T}{27}} \\[2mm]
\varPhi_{\mathrm{m}}(T) = \dfrac{1}{27}\displaystyle\int_0^T \mathrm{e}^{-\frac{t}{27}}\mathrm{d}t = 1 - \mathrm{e}^{-\frac{T}{27}} \\[3mm]
\varPhi_{\mathrm{n}}(T) = \dfrac{1}{27T}\displaystyle\int_0^T \mathrm{e}^{-\frac{t}{27}}(T-\tau)\mathrm{d}t = 1 - \dfrac{27}{T}(1 - \mathrm{e}^{-\frac{T}{27}})
\end{cases}
\tag{2-48}
$$

对于 x_4，输入量为 x_3，状态方程为

$$
\dot{x}_4 = \frac{1}{0.9 \times 155}x_3 \tag{2-49}
$$

状态矩阵 $\boldsymbol{A} = 0$，输入矩阵 $\boldsymbol{B} = \dfrac{1}{0.9 \times 155}$，则

$$
\begin{cases}
\varPhi(t) = 1 \\[2mm]
\varPhi(T) = 1 \\[2mm]
\varPhi_{\mathrm{m}}(T) = \displaystyle\int_0^T \dfrac{1}{0.9 \times 155}\mathrm{d}t = \dfrac{T}{0.9 \times 155} \\[3mm]
\varPhi_{\mathrm{n}}(T) = \dfrac{1}{T}\displaystyle\int_0^T \dfrac{1}{0.9 \times 155}(T-\tau)\mathrm{d}t = \dfrac{T}{2 \times 0.9 \times 155}
\end{cases}
\tag{2-50}
$$

根据式（2-21），即可得到使用零阶保持器时加入超前一拍补偿器下的差分方程为

$$
\begin{cases}
x_1(k+1) = x_1(k) + 0.014Te(k+1) \\[2mm]
x_2(k+1) = \mathrm{e}^{-\frac{T}{27}}x_2(k) + (1 - \mathrm{e}^{-\frac{T}{27}})x_1(k+1) \\[2mm]
x_3(k+1) = \mathrm{e}^{-\frac{T}{27}}x_3(k) + (1 - \mathrm{e}^{-\frac{T}{27}})x_2(k+1) \\[2mm]
x_4(k+1) = x_4(k) + \dfrac{T}{0.9 \times 155}x_3(k+1) \\[3mm]
e(k+1) = R(k+1) - \dfrac{1}{0.9}x_3(k+1) - x_4(k+1) \\[3mm]
y(k+1) = x_3(k+1)
\end{cases}
\tag{2-51}
$$

使用三角保持器下的差分方程为

$$\begin{cases}
x_1(k+1) = x_1(k) + \dfrac{0.014}{2}Te(k) + \dfrac{0.014}{2}Te(k+1) \\[2mm]
x_2(k+1) = \mathrm{e}^{-\frac{T}{27}}x_2(k) + \left[-1 + \left(1+\dfrac{27}{T}\right)\left(1-\mathrm{e}^{-\frac{T}{27}}\right)\right]x_1(k) + \left[1 - \dfrac{27}{T}\left(1-\mathrm{e}^{-\frac{T}{27}}\right)\right]x_1(k+1) \\[2mm]
x_3(k+1) = \mathrm{e}^{-\frac{T}{27}}x_3(k) + \left[-1 + \left(1+\dfrac{27}{T}\right)\left(1-\mathrm{e}^{-\frac{T}{27}}\right)\right]x_2(k) + \left[1 - \dfrac{27}{T}\left(1-\mathrm{e}^{-\frac{T}{27}}\right)\right]x_2(k+1) \\[2mm]
x_4(k+1) = x_4(k) + \dfrac{T}{2\times0.9\times155}x_3(k) + \dfrac{T}{2\times0.9\times155}x_3(k+1) \\[2mm]
e(k) = R(k) - \dfrac{1}{0.9}x_3(k) - x_4(k) \\[2mm]
e(k+1) = R(k+1) - \dfrac{1}{0.9}x_3(k+1) - x_4(k+1) \\[2mm]
y(k+1) = x_3(k+1)
\end{cases}$$

$$(2-52)$$

对于大多数控制系统，都可以把系统分解成由积分和惯性环节组成的系统。因此，可以事先求出这两个环节的差分方程的通用式，以后就不需要每次求解差分方程了。

对于积分环节，如图 2-12 所示。

状态方程为

$$\dot{x} = ku \qquad\qquad (2-53)$$

离散化后差分方程中的系数为

$$\begin{cases}
\Phi(t) = 1 \\[1mm]
\Phi(T) = 1 \\[1mm]
\Phi_{\mathrm{m}}(T) = kT \\[1mm]
\Phi_{\mathrm{n}}(T) = \dfrac{k}{2}T
\end{cases} \qquad\qquad (2-54)$$

对于惯性环节，如图 2-13 所示。

图 2-12　积分环节　　　　　　　　图 2-13　惯性环节

状态方程为

$$\dot{x} = -\frac{1}{T}x + \frac{k}{T}u \qquad\qquad (2-55)$$

离散化后差分方程中的系数为

$$\begin{cases}
\Phi(t) = \mathrm{e}^{-\frac{t}{\tau}} \\[1mm]
\Phi(T) = \mathrm{e}^{-\frac{T}{\tau}} \\[1mm]
\Phi_{\mathrm{m}}(T) = k\left(1 - \mathrm{e}^{-\frac{T}{\tau}}\right) \\[1mm]
\Phi_{\mathrm{n}}(T) = k\left[1 - \dfrac{\tau}{T}\left(1 - \mathrm{e}^{-\frac{T}{\tau}}\right)\right]
\end{cases} \qquad\qquad (2-56)$$

将式（2-54）和式（2-56）分别代入式（2-19）中，即可得到这两个环节的零阶保持器下的差分方程。

积分环节$\dfrac{k}{s}$

$$x[(k+1)T] = x(kT) + kTu(kT) \qquad (2-57)$$

惯性环节$\dfrac{k}{1+\tau s}$

$$x[(k+1)T] = \mathrm{e}^{-\frac{T}{\tau}}x(kT) + k(1-\mathrm{e}^{-\frac{T}{\tau}})u(kT) \qquad (2-58)$$

将式（2-54）和式（2-56）分别代入式（2-23）中，即可得到这两个环节的三角保持器下的差分方程。

积分环节$\dfrac{k}{s}$

$$x[(k+1)T] = x(kT) + \frac{1}{2}kTu(kT) + \frac{1}{2}kTu[(k+1)T] \qquad (2-59)$$

惯性环节$\dfrac{k}{1+\tau s}$

$$
\begin{aligned}
x[(k+1)T] = {} & \mathrm{e}^{-\frac{T}{\tau}}x(kT) + k\left[-1 + \left(1+\frac{\tau}{T}\right)(1-\mathrm{e}^{-\frac{T}{\tau}})\right]u(kT) \\
& + k\left[1 - \frac{\tau}{T}(1-\mathrm{e}^{-\frac{T}{\tau}})\right]u[(k+1)T] \qquad (2-60)
\end{aligned}
$$

2.3.2 离散再现环节在系统积分器处——数值积分法

如前所述，数值积分法是把微分方程化成积分运算，然后对积分运算进行离散化处理，并转化为代数运算的过程。按照积分运算近似的精度，由低到高，依次为欧拉公式、梯形公式、龙格-库塔公式等。

1. 欧拉公式

对于式（2-1）所示系统，将离散-再现环节加在系统的积分器处，得到的离散相似系统如图2-14所示。

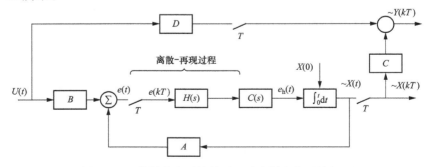

图2-14 线性定常系统的另一种离散相似系统框图

从图2-14中可得到

$$X(t) = X(0) + \int_0^t e_h(t)\,dt \tag{2-61}$$

当 $t = kT$ 时

$$X(kT) = X(0) + \int_0^{kT} e_h(t)\,dt \tag{2-62}$$

当 $t = (k+1)T$ 时

$$X[(k+1)T] = X(0) + \int_0^{(k+1)T} e_h(t)\,dt \tag{2-63}$$

用式 (2-63) 减式 (2-62) 可得到

$$X[(k+1)T] = X(kT) + \int_{kT}^{(k+1)T} e_h(t)\,dt \tag{2-64}$$

当取 $H(s)$ 为零阶保持器，$C(s) = 1$ 时，即

$$e_h = e(kT) \qquad kT \leqslant t < (k+1)T \tag{2-65}$$

将式 (2-65) 代入式 (2-64) 得

$$X[(k+1)T] = X(kT) + Te(kT) \tag{2-66}$$

简写为

$$X(k+1) = X(k) + Te(k) \tag{2-67}$$

式 (2-67) 被称为欧拉公式。欧拉公式可以从图 2-15 所示的几何图形中得到解释。

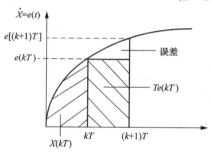

有了式 (2-67)，就很容易求出系统式 (2-1)、式 (2-2) 的差分方程，即

$$X(k+1) = (I + AT)X(k) + TBU(k) \tag{2-68}$$

$$Y(k+1) = CX(k+1) + DU(k+1) \tag{2-69}$$

从图 2-15 可以看出，这种方法精度低，但是它的公式非常简单，不用求 $\Phi(T)$、$\Phi_m(T)$ 和 $\Phi_n(T)$，因此在实时仿真中应用非常广泛。

图 2-15　欧拉公式的几何解释

2. 梯形公式

为了提高仿真精度，离散-再现环节采取图 2-16 所示的形式。图中，$e_h(t)$ 取第 (1) 路 (实线部分) 与第 (2) 路信号之和，为了使补偿后的幅值不变 (仅补偿相位)，在每一路中加入了一个 $\dfrac{1}{2}$ 的衰减环节，使两路信号的权值之和等于 1，即

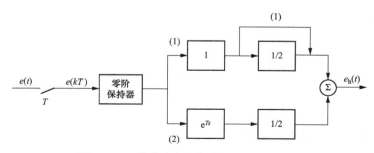

图 2-16　梯形公式的离散-再现环节框图

$$e_h = \frac{1}{2}\{e(kT) + e[(k+1)T]\} \tag{2-70}$$

$$kT \leqslant t < (k+1)T$$

将式（2-70）代入式（2-64）可得

$$X(k+1) = X(k) + \frac{T}{2}[e(k) + e(k+1)] \tag{2-71}$$

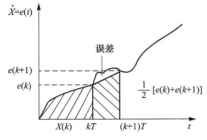

图 2-17　梯形公式的几何解释

式（2-71）称为梯形公式，其几何解释如图 2-17 所示。

通过与欧拉公式的图形解释对比，梯形公式的精度明显提高。

由图 2-14 可知

$$e(k) = AX(k) + BU(k) \tag{2-72}$$

$$e(k+1) = AX(k+1) + BU(k+1) \tag{2-73}$$

将式（2-72）、式（2-73）代入式（2-71），得到系统的差分方程为

$$X(k+1) = \left(I + \frac{T}{2}A\right)X(k) + \frac{T}{2}AX(k+1) + \frac{T}{2}B[U(k) + U(k+1)] \tag{2-74}$$

$$Y(k+1) = CX(k+1) + DU(k+1) \tag{2-75}$$

式（2-74）是一个隐式，因为求 $X(k+1)$ 时，等式右边还有未知数 $X(k+1)$。为了得到该式的显式形式，可将含 $X(k+1)$ 的项移到方程左边，再整理得到系统解的显式公式为

$$(k+1) = \left(I - \frac{T}{2}A\right)^{-1}\left(I + \frac{T}{2}A\right)X(k) + \frac{T}{2}\left(I - \frac{T}{2}A\right)^{-1}B[U(k+1) + U(k)]$$

$$\tag{2-76}$$

显然，式（2-76）比式（2-68）的精度要高些。但是，当系统阶次较高时，求 $\left(I - \frac{T}{2}A\right)^{-1}$ 是比较困难的。为此，在计算式（2-76）时，需要先估算 $X(k+1)$ 的值，记为 $X_0(k+1)$。此时，可以用欧拉公式估计 $X_0(k+1)$。即估算 $X_0(k+1)$ 时，设定离散-再现过程只有第（1）路信号 [见图 2-16 的（1）部分]，根据式（2-67）则有

$$X_0(k+1) = X(k) + Te(k) \tag{2-77}$$

将 $X_0(k+1)$ 称为 $X(k+1)$ 的一次预报值。用 $X_0(k+1)$ 代替 $X(k+1)$，代入式（2-73），则有

$$e(k+1) = A[X(k) + Te(k)] + BU(k+1) \tag{2-78}$$

将式（2-72）、式（2-78）代入式（2-71）可得到系统解的简化显式公式为

$$X(k+1) = (I + TA + \frac{T^2}{2}A^2)X(k) + \left(\frac{T}{2}I + \frac{T^2}{2}A\right)BU(k) + \frac{T}{2}BU(k+1) \tag{2-79}$$

此式没有矩阵求逆的运算，所以比式（2-76）容易计算。

综合式（2-71）~式（2-73）及式（2-77）可得到近似的梯形公式，也称为预报校正公式

$$
\begin{cases}
X(k+1)=X(k)+\dfrac{1}{2}\big[e(k)+e(k+1)\big] & \text{校正公式} \\
e(k)=AX(k)+BU(k) & \\
X_0(k+1)=X(k)+Te(k) & \text{预报公式} \\
e(k+1)=AX_0(k+1)+BU(k+1) &
\end{cases}
\tag{2-80}
$$

【例 2-3】 已知某多变量系统的结构框图如图 2-18 所示,求使用近似梯形公式时的差分方程。

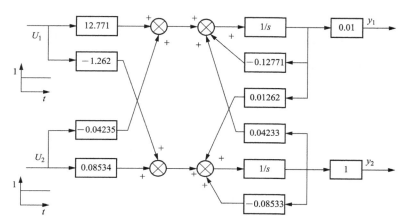

图 2-18 某多变量系统结构框图

解 根据图 2-18 可得到该系统的状态方程及输出方程为

$$
\begin{bmatrix} \dot{x}_1 \\ \dot{x}_2 \end{bmatrix}=\begin{bmatrix} -0.12771 & 0.04233 \\ 0.01262 & -0.08533 \end{bmatrix}\begin{bmatrix} x_1 \\ x_2 \end{bmatrix}+\begin{bmatrix} 12.771 & -0.04235 \\ -1.262 & 0.8534 \end{bmatrix}\begin{bmatrix} u_1 \\ u_2 \end{bmatrix}
$$

$$
\begin{bmatrix} y_1 \\ y_2 \end{bmatrix}=\begin{bmatrix} 0.01 & 0 \\ 0 & 1 \end{bmatrix}\begin{bmatrix} x_1 \\ x_2 \end{bmatrix}
$$

依据式 (2-80) 有

$$
\begin{bmatrix} e_1(k) \\ e_2(k) \end{bmatrix}=\begin{bmatrix} -0.12771 & 0.04233 \\ 0.01262 & -0.08533 \end{bmatrix}\begin{bmatrix} x_1(k) \\ x_2(k) \end{bmatrix}+\begin{bmatrix} 12.771 & -0.04235 \\ -1.262 & 0.8534 \end{bmatrix}\begin{bmatrix} u_1(k) \\ u_2(k) \end{bmatrix}
$$

$$
\begin{bmatrix} e_1(k+1) \\ e_2(k+1) \end{bmatrix}=\begin{bmatrix} -0.12771 & 0.04233 \\ 0.01262 & -0.08533 \end{bmatrix}\begin{bmatrix} x_1(k)+Te_1(k) \\ x_2(k)+Te_2(k) \end{bmatrix}
$$
$$
+\begin{bmatrix} 12.771 & -0.04235 \\ -1.262 & 0.8534 \end{bmatrix}\begin{bmatrix} u_1(k+1) \\ u_2(k+2) \end{bmatrix}
$$

$$
\begin{bmatrix} x_1(k+1) \\ x_2(k+1) \end{bmatrix}=\begin{bmatrix} x_1(k) \\ x_2(k) \end{bmatrix}+\frac{T}{2}\begin{bmatrix} e_1(k)+e_1(k+1) \\ e_2(k)+e_2(k+1) \end{bmatrix}
$$

而

$$
\begin{bmatrix} y_1(k) \\ y_2(k) \end{bmatrix}=\begin{bmatrix} 0.01 & 0 \\ 0 & 1 \end{bmatrix}\begin{bmatrix} x_1(k+1) \\ x_2(k+1) \end{bmatrix}
$$

3. 龙格-库塔（Runge-Kutta）公式

在非实时仿真中，有时需要更高的精度。下面再介绍一种更精确的方法及其离散-再现环节。

如果取如图 2-19 所示的离散-再现环节，$e_h(t)$ 取第（1）、（2）、（3）路（实线部分）与第（4）路信号之和，为了使补偿后的幅值不变（仅补偿相位），在第（1）和第（4）路中各加入一个 $\frac{1}{6}$ 的衰减环节，在第（2）和第（3）路中各加入一个 $\frac{1}{3}$ 的衰减环节，使四路信号的权值之和等于 1，即

$$e_h(t) = \frac{1}{6}(e_1 + 2e_2 + 2e_3 + e_4) \qquad kT \leqslant t < (k+1)T \qquad (2-81)$$

将式（2-81）代入式（2-64）可得

$$X(k+1) = X(k) + \frac{T}{6}(e_1 + 2e_2 + 2e_3 + e_4) \qquad (2-82)$$

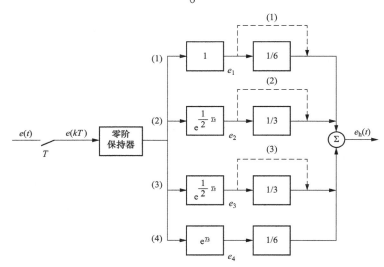

图 2-19 四阶龙格-库塔公式的离散-再现环节框图

由图 2-1 及图 2-18 可有

$$e_1 = AX(k) + BU(k) \qquad (2-83)$$

$$e_2 = AX\left(k + \frac{1}{2}\right) + BU\left(k + \frac{1}{2}\right) \qquad (2-84)$$

$$e_3 = AX\left(k + \frac{1}{2}\right) + BU\left(k + \frac{1}{2}\right) \qquad (2-85)$$

$$e_4 = AX(k+1) + BU(k+1) \qquad (2-86)$$

由于计算式（2-82）中的 $X(k+1)$ 时，需要已知 e_2、e_3、e_4 中的 $X\left(k + \frac{1}{2}\right)$、$X(k+$

1）。因此，在计算式（2-82）之前，应先估算 e_2、e_3、e_4 中 $X\left(k + \frac{1}{2}\right)$ 和 $X(k+1)$ 的近

似值 $X_0\left(k+\dfrac{1}{2}\right)$ 和 $X_0(k+1)$。在估算 e_2 中的 $X\left(k+\dfrac{1}{2}\right)$ 时，e_1 已知，所以设定离散-再现过程只有第（1）路信号（见图 2-18 中的虚线部分），使用欧拉公式进行估计，则

$$X_0\left(k+\frac{1}{2}\right)=X(k)+\frac{T}{2}e_1 \tag{2-87}$$

将式（2-87）代入式（2-84）得

$$e_2=A\left[X(k)+\frac{T}{2}e_1\right]+BU\left(k+\frac{1}{2}\right) \tag{2-88}$$

估算 e_3 中的 $X\left(k+\dfrac{1}{2}\right)$ 时，e_2 已知，而且 e_2 是由 e_1 估算得到的，在 $\left(k+\dfrac{1}{2}\right)T$ 时刻，e_2 比 e_1 更精确，所以设定离散-再现过程只有第（2）路信号（见图 2-19 的虚线部分），使用欧拉公式进行估计，则

$$X_0\left(k+\frac{1}{2}\right)=X(k)+\frac{T}{2}e_2 \tag{2-89}$$

将式（2-89）代入式（2-85）得

$$e_3=A\left[X(k)+\frac{T}{2}e_2\right]+BU\left(k+\frac{1}{2}\right) \tag{2-90}$$

同理，估算 e_4 中的 $X(k+1)$ 时，e_3 已知，而且它比 e_2 更精确，所以设定离散-再现过程只有第（3）路信号（见图 2-19 的虚线部分），使用欧拉公式进行估计，则

$$X_0(k+1)=X(k)+Te_3 \tag{2-91}$$

将式（2-91）代入式（2-86）得

$$e_4=A[X(k)+Te_3]+BU(k+1) \tag{2-92}$$

式（2-83）、式（2-88）、式（2-90）、式（2-92）称为四阶龙格-库塔公式。整理如下

$$X(k+1)=X(k)+\frac{T}{6}(e_1+2e_2+2e_3+e_4) \tag{2-93}$$

其中

$$\begin{cases} e_1=AX(k)+BU(k) \\ e_2=A\left[X(k)+\dfrac{T}{2}e_1\right]+BU\left(k+\dfrac{1}{2}\right) \\ e_3=A\left[X(k)+\dfrac{T}{2}e_2\right]+BU\left(k+\dfrac{1}{2}\right) \\ e_4=A[X(k)+Te_3]+BU(k+1) \end{cases} \tag{2-94}$$

如果系统的输入 U 为阶跃函数或斜坡函数，则

$$U\left(k+\frac{1}{2}\right)=[U(k)+U(k+1)]/2 \tag{2-95}$$

将式（2-94）、式（2-95）代入式（2-93）可得

$$X(k+1)=\left(I+TA+\frac{T^2}{2}A^2+\frac{T^3}{6}A^3+\frac{T^4}{24}A^4\right)X(k)+\left(\frac{T}{2}I+\frac{T^2}{3}A+\frac{T^3}{8}A^2+\frac{T^4}{24}A^3\right)BU(k)$$
$$+\left(\frac{T}{2}I+\frac{T^2}{6}A+\frac{T^3}{24}A^2\right)BU(k+1) \tag{2-96}$$

智能控制理论及应用

式（2-96）是四阶龙格-库塔公式在输入为阶跃或斜坡函数时的总体表示，在仿真前，先求出差分方程的系数，仿真时就只有简单的代数运算了，这样仿真的速度要比用分离式公式的速度快。

可以证明，当系统的输入为阶跃或斜坡函数时，四阶龙格-库塔公式即是把离散-再现环节加在系统的入口处，使用三角保持器，取 e^{At} 的定义式到 t 的 4 次项所得到的差分方程。由此可见，使用三角保持器比使用四阶龙格-库塔公式要精确。同理也可证明，取 e^{At} 的定义式到 t 的 2 次项，所得到的差分方程即是梯形公式；取 e^{At} 的定义式到 t 的 1 次项，所得到的差分方程即是欧拉公式。

利用上述的方法，构造不同的离散-再现-补偿环节，就可以得到各种不同的数值积分公式（差分方程）。

【例2-4】 已知一主汽压力系统，其框图如图 2-20 所示，求使用四阶龙格-库塔公式时的差分方程（对系统做定压扰动，扰动量为 1，系统的初始条件为 0）。

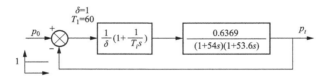

图 2-20　主汽压力调节系统框图

解　将图 2-20 转换成图 2-21 所示的形式，并按图 2-21 所示设状态变量为 x_1、x_2、x_3。

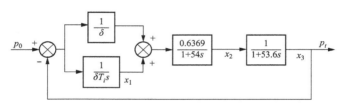

图 2-21　主汽压力调节系统的变换框图

则有

$$\begin{bmatrix} \dot{x}_1 \\ \dot{x}_2 \\ \dot{x}_3 \end{bmatrix} = \begin{bmatrix} 0 & 0 & -\dfrac{1}{\delta T_i} \\ \dfrac{0.6369}{54} & -\dfrac{1}{54} & -\dfrac{0.6369}{54\delta} \\ 0 & \dfrac{1}{53.6} & -\dfrac{1}{53.6} \end{bmatrix} \begin{bmatrix} x_1 \\ x_2 \\ x_3 \end{bmatrix} + \begin{bmatrix} \dfrac{1}{\delta T_i} \\ \dfrac{0.6369}{54} \\ 0 \end{bmatrix} p_0$$

$$p_t = x_3$$

根据式（2-93）和式（2-94）即可得到使用四阶龙格-库塔公式时的系统差分方程

$$\begin{bmatrix} x_1(k+1) \\ x_2(k+1) \\ x_3(k+1) \end{bmatrix} = \frac{T}{6} \begin{bmatrix} e_{11}+2e_{12}+2e_{13}+e_{14} \\ e_{21}+2e_{22}+2e_{23}+e_{24} \\ e_{31}+2e_{32}+2e_{33}+e_{34} \end{bmatrix} + \begin{bmatrix} x_1(k) \\ x_2(k) \\ x_3(k) \end{bmatrix}$$

$$
e_1 = \begin{bmatrix} e_{11} \\ e_{21} \\ e_{31} \end{bmatrix} = \begin{bmatrix} 0 & 0 & -\dfrac{1}{\delta T_i} \\ \dfrac{0.6369}{54} & -\dfrac{1}{54} & -\dfrac{0.6369}{54\delta} \\ 0 & \dfrac{1}{53.6} & -\dfrac{1}{53.6} \end{bmatrix} \begin{bmatrix} x_1(k) \\ x_2(k) \\ x_3(k) \end{bmatrix} + \begin{bmatrix} \dfrac{1}{\delta T_i} \\ \dfrac{0.6369}{54\delta} \\ 0 \end{bmatrix} p_0(k)
$$

$$
e_2 = \begin{bmatrix} e_{12} \\ e_{22} \\ e_{32} \end{bmatrix} = \begin{bmatrix} 0 & 0 & -\dfrac{1}{\delta T_i} \\ \dfrac{0.6369}{54} & -\dfrac{1}{54} & -\dfrac{0.6369}{54\delta} \\ 0 & \dfrac{1}{53.6} & -\dfrac{1}{53.6} \end{bmatrix} \begin{bmatrix} x_1(k)+\dfrac{T}{2}e_{11} \\ x_2(k)+\dfrac{T}{2}e_{21} \\ x_3(k)+\dfrac{T}{2}e_{31} \end{bmatrix} + \begin{bmatrix} \dfrac{1}{\delta T_i} \\ \dfrac{0.6369}{54\delta} \\ 0 \end{bmatrix} p_0\left(k+\dfrac{1}{2}\right)
$$

$$
e_3 = \begin{bmatrix} e_{13} \\ e_{23} \\ e_{33} \end{bmatrix} = \begin{bmatrix} 0 & 0 & -\dfrac{1}{\delta T_i} \\ \dfrac{0.6369}{54} & -\dfrac{1}{54} & -\dfrac{0.6369}{54\delta} \\ 0 & \dfrac{1}{53.6} & -\dfrac{1}{53.6} \end{bmatrix} \begin{bmatrix} x_1(k)+\dfrac{T}{2}e_{12} \\ x_2(k)+\dfrac{T}{2}e_{22} \\ x_3(k)+\dfrac{T}{2}e_{32} \end{bmatrix} + \begin{bmatrix} \dfrac{1}{\delta T_i} \\ \dfrac{0.6369}{54\delta} \\ 0 \end{bmatrix} p_0\left(k+\dfrac{1}{2}\right)
$$

$$
e_4 = \begin{bmatrix} e_{14} \\ e_{24} \\ e_{34} \end{bmatrix} = \begin{bmatrix} 0 & 0 & -\dfrac{1}{\delta T_i} \\ \dfrac{0.6369}{54} & -\dfrac{1}{54} & -\dfrac{0.6369}{54\delta} \\ 0 & \dfrac{1}{53.6} & -\dfrac{1}{53.6} \end{bmatrix} \begin{bmatrix} x_1(k)+Te_{13} \\ x_2(k)+Te_{23} \\ x_3(k)+Te_{33} \end{bmatrix} + \begin{bmatrix} \dfrac{1}{\delta T_i} \\ \dfrac{0.6369}{54\delta} \\ 0 \end{bmatrix} p_0(k+1)
$$

$$
p_t(k+1) = x_3(k+1)
$$

由于 p_0 为单位阶跃函数,所以当 $t \geqslant 0$ 时, $p_0(k) = p_0\left(k+\dfrac{1}{2}\right) = p_0(k+1)$。

2.4　计算机仿真程序设计

前面讲述了连续系统离散化及其差分方程的求取方法。有了系统的差分方程,就可以在计算机上编制仿真程序了。

随待解决问题性质的不同,对仿真程序要求也不同,一般的要求是计算速度快、精度高、使用方便、通用性强等。但这些要求往往是相互矛盾的,所以具体到某一问题时,应根据其特性突出某一要求而牺牲另外一些要求。例如,对于实时仿真,计算速度是主要的,为了满足速度要求,就得选用简单的算法或加大计算步距,这自然就降低了仿真精度,对于非实时仿真,精度是主要的,速度可慢一些,因此,为了满足精度要求,就得选用稍复杂一点的算法或减小计算步距。

在一般情况下,仿真程序由初始化程序块、主运行程序块和输出仿真结果程序块三个基本模块构成。

2.4.1 初始化程序块

这个程序块主要是对程序中所用到的变量、数组等进行定义，并赋以初值，读入外部数据等。在通用仿真程序里这个程序完成被仿真系统的结构组态。

这个程序块的内容随使用的程序设计语言的不同而不同，没有统一的格式。本书所有的程序使用 MATLAB 和 Python 作为程序设计语言。

2.4.2 主运行程序块

这个程序块用来求解被仿真系统的差分方程。所选用的仿真算法不同，得到的差分方程也不同，仿真精度也不一样。不管怎样，这个程序要忠实于原差分方程，它不能改变原差分方程的意义，对于初编程序者来说在这方面是很容易出错的。

数字计算机求解差分方程是非常容易的。系统差分方程的一般形式为

$$x(k+1) = a_0 x(k) + a_1 x(k-1) + \cdots + a_{n-1} x[k-(n-1)] + b_{-1} e(k+1)$$
$$+ b_0 e(k) + b_1 e(k-1) + \cdots + b_{n-1} e[k(n-1)] \tag{2-97}$$

式中：x 为输出；e 为输入；a_0、a_1、$\cdots$、a_n，b_{-1}、b_0、b_1、$\cdots$、b_{n-1} 为常数。

由式（2-97）可知，在求解此差分方程时，要用到计算时刻 $(k+1)T$ 以前若干个采样时刻的输出值和输入值。这可以在内存中设置若干个存储单元，将这些数据存储起来，以便在计算时使用。

对于式（2-97）所描述的系统，差分方程阶次为 n。因此，需要在内存中设置 n 个单元，用以存放计算时刻 $(k+1)T$ 以前的 n 个采样时刻的输出量。这些存储单元的安排如图 2-22(a) 所示。

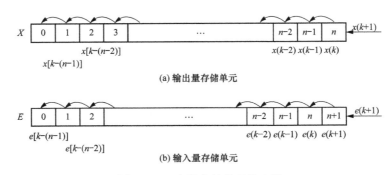

(a) 输出量存储单元

(b) 输入量存储单元

图 2-22　变量存储单元的安排

在计算时，计算时刻以前的 n 个输出量 $x(k)$、$x(k-1)$、$\cdots$、$x[k-(n-1)]$ 分别从第 n、$n-1$、$n-2$、$\cdots$、2、1 单元中取出。取出后把各单元的内容按图示向左平移一个单元。空出来的第 n 单元存放计算出的现时刻的值 $x(k+1)$，供下一步计算时使用。这样，本步的 $k+1$、k、$k-1$、$\cdots$各时刻的值在下一步里变为 k、$k-1$、$k-2$、$\cdots$各时刻的值。所以在每一次计算中，操作顺序总是"取出-平移-存入"。

对于输入变量，也可采用和上述相似的方法处理。根据式（2-97）在内存中设置 $n+1$ 个单元用以存放 e 的各采样时刻值，其安排如图 2-22(b) 所示。

在计算时，与输出量不同的是，方程右边需要有现时刻的输入值 $e(k+1)$。因此在计算差分方程前，应先计算出 $e(k+1)$，然后将它存入第 $(n+1)$ 单元。计算差分方程时，现时刻以前的 n 个输入量 $e(k)$、$e(k-1)$、$e(k-2)$、$\cdots$、$e[k-(n-1)]$ 分别从第 n、$n-1$、$n-2$、$\cdots$、2、1 单元中取出，现时刻输入量 $e(k+1)$ 从第 $(n+1)$ 单元中取出。然后将各单元的内容按图示向左平移一个单元，准备下一步计算。所以每次计算的操作顺序总是"存入 – 取出 – 平移"。

综上所述，用数组 X 的 n 个单元存放 x 的各采样时刻值，用 E 的 $n+1$ 个单元存放 e 的各采样时刻值，如图 2-22 所示。用数组 A 的 n 个单元存放系数 a_0、a_1、$\cdots$、a_{n-1}，用 B 的 $n+1$ 个单元存放系数 b_0、b_1、$\cdots$、b_{n-1} 及 b_{-1}，如图 2-23 所示。

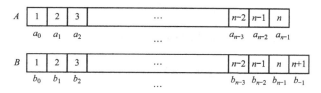

图 2-23　差分方程式（2-79）系数的存储单元

式（2-97）的计算程序如下：

```
    ⋮
e = ...;                                  /*计算 e(k+1)*/
E(n+1) = e;                               /*把 e(k+1)存入第 n+1 单元*/
x = 0;                                    /*累加器清零*/
for k = 1:n
    x = x + A(k) * X(n-k+1) + B(k) * E(n-k+1);
end
x = x + B(n+1) * E(n+1);                  /*最后得到 x(k+1)*/
for k = 1:n-1
    X(k) = X(k+1);                        /*把 x 各采样时刻值平移一个单元*/
end
X(n) = x;                                 /*把 x(k+1)存入第 n 个单元*/

for k = 1:n
    E(k) = E(k+1);
end                                       /*把 e 各采样时刻值平移一个单元*/
    ⋮
```

上面的程序仅仅计算一步。一个仿真程序要计算多少步（仿真时间）取决于问题的需要。如果是为了培训目的进行实时仿真，那么仿真时间根据培训的时间长短来定；如果是进行仿真研究，一般仿真时间取决于系统的稳态时间。因为系统稳态后的响应已知，所以仿真时间等于系统稳态时间。

现在的问题是在系统仿真前，如何计算步距和系统的稳态时间。

计算步距是重要的仿真用参数，如果选择不恰当，可能造成较大的计算误差，甚至可以使一个本来稳定的系统仿真成一个不稳定的系统。计算步距不仅和被仿真的系统有关，还和仿真算法、精度要求等因素有关。因此，要在仿真计算之前准确地选好计算步距是件不容易的事情。

根据香农定理，为了使被采样的信号无失真的再现，必须满足

$$\omega_{\min} \geqslant 2\omega_{\text{L}} \tag{2-98}$$

式中：$\omega_{\min}$ 为最低采样频率；ω_{L} 为被再现信号的频带低限。

但是，在仿真中所遇到的大多数被再现信号是没有频带限的，所以一般取采样频率是再现信号主要频带中的最高频率的 5～10 倍，即

$$\omega_{\min} = (5 \sim 10)\omega_{\text{main}} \tag{2-99}$$

而主要频带中的最高频率又没有确切的定义，对于像 $\dfrac{k}{Ts+1}$ 这样简单的低通滤波器（惯性环节），其频谱的主要频带大约是截止角频率（ω_{c}）的 10 倍 $\left(\omega_{\text{main}} \approx 10\omega_{\text{c}} = \dfrac{10}{T}\right)$。所以可以选择

$$\omega_{\min} = \frac{50}{T} \sim \frac{100}{T} \tag{2-100}$$

即选择计算步距

$$\text{DT} = \frac{2\pi T}{50 \sim 100}\left[\text{或}\frac{2\pi}{(50 \sim 100)\omega_{\text{c}}}\right] \tag{2-101}$$

为了符合大多数人使用变量名的习惯，不与惯性时间常数 T 混淆，以后用 DT 表示计算步距。

对于复杂环节，仍可取主要频带是开环频率特性的剪切频率的 10 倍，如仍用 ω_{c} 表示环节的剪切频率，则计算步距仍为式（2-101）。若系统中有多个小闭环，则 ω_{c} 应取最快的小闭环频率特性的剪切频率。

对于热工过程对象，一般可描述为

$$G(s) = \frac{k\,\text{e}^{-\tau s}}{s^m (Ts+1)^n} \tag{2-102}$$

影响计算精度的是惯性环节，而高阶惯性环节 $\dfrac{k}{(Ts+1)^n}$ 可以用一阶惯性环节 $\dfrac{k}{nTs+1}$ 近似来代替。所以，对于惯性对象来说，不要求系统开环频率特性，近似求得计算步距为

$$\text{DT} = \frac{2\pi nT}{50 \sim 100} \tag{2-103}$$

式中：DT 为计算步距；n 为被控对象传递函数的阶次；T 为被控对象传递函数的时间常数。

随着系统环节数目的增加，不可能使用一个离散-再现环节，这样会造成求取差分方程困难。在各个动态环节入口处加入离散-再现环节，会降低仿真精度，这时计算步距减小。

式（2-103）是一个近似的估计公式，做进一步简化，可得到一个实用的仿真计算步距估计公式

$$\text{DT} = \frac{nT}{10 \sim 50} \tag{2-104}$$

如果被控对象有若干个，则应以其中 nT 最小的为准。一般使用者按上述区间选择一个适当的计算步距，其仿真结果是令人满意的。一般来说，计算步距选择得越小，计算精度越高，但耗费的计算时间就越长，在实时仿真时，对计算时间是有要求的。

如果在控制系统中含有"代数环"，即该闭环的阶次为零，时间常数也为零，根据式（2-104）得到的计算步距也应为零，但这是不可能做到的。在这种情况下，可用一个等效比例环节代替该"代数环"，计算步距则用其他环节的参数确定。

仿真时间是系统稳态时间或系统过渡过程时间，即从加入扰动开始到系统基本稳定为止的时间。如果主要是为了观察系统的稳定性，仅计算系统响应的 3～4 个周期即可。所以，仿真时间的估算公式可选为

$$T_s = (5 \sim 20)nT \tag{2-105}$$

式中：T_s 为仿真时间；n 为被控对象传递函数的阶次；T 为被控对象传递函数的时间常数。

如果被控对象有若干个，则应以其中 nT 最大的为准。

2.4.3　输出仿真结果程序块

该程序块输出仿真结果，可以是状态变量、中间变量和输出变量的仿真结果，同时利用绘图等功能实现结果的可视化。输出的形式是数据表格或曲线的形式。

【例 2-5】　某 300MW 循环流化床锅炉一次风对床温的控制系统如图 2-24 所示。使用超前一拍的零阶保持器对此系统进行仿真，并设计仿真程序。

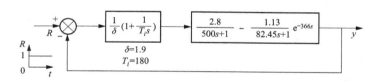

图 2-24　某 300MW 循环流化床锅炉一次风对床温的控制系统框图

解　根据图 2-24 可得到该系统的离散相似系统框图（见图 2-25）。

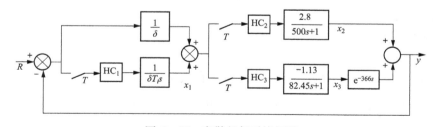

图 2-25　离散相似系统框图

按图 2-25 所示设状态变量，即可得到系统的状态方程和输出方程

$$\dot{x}_1 = \frac{1}{\delta T_i}(R - y)$$

$$\dot{x}_2 = -\frac{1}{500}x_2 + \frac{2.8}{500}\left(\frac{R-y}{\delta} + x_1\right)$$

$$\dot{x}_3 = -\frac{1}{82.45}x_3 - \frac{1.13}{82.45}\left(\frac{R-y}{\delta}+x_1\right)$$

$$y = x_2 + x_3(t-366)$$

根据式（2-21）可得系统的差分方程

$$x_1(k+1) = x_1(k) + \frac{T}{\delta T_i}[R-y(k+1)]$$

$$x_2(k+1) = \mathrm{e}^{-\frac{T}{500}}x_2(k) + 2.8(1-\mathrm{e}^{-\frac{T}{500}})\left[\frac{R-y(k+1)}{\delta}+x_1(k+1)\right]$$

$$x_3(k+1) = \mathrm{e}^{-\frac{T}{82.45}}x_3(k) - 1.13(1-\mathrm{e}^{-\frac{T}{82.45}})\left[\frac{R-y(k+1)}{\delta}+x_1(k+1)\right]$$

$$y(k+1) = x_2(k+1) + x_3\left(k+1-\frac{366}{T}\right)$$

根据上述的差分方程，如果进行程序设计，还需要解决一个关键问题，就是多个差分方程的计算顺序问题。计算 $x_1(k+1)$、$x_2(k+1)$ 和 $x_3(k+1)$ 时，需要用到 $y(k+1)$，而计算 $y(k+1)$ 时，又要用到 $x_2(k+1)$ 和 $x_3(k+1)$，这就产生了矛盾，其原因是数字计算机总是串行计算的。因此并不是所有的信号都能进行超前补偿，三角保持器也不是放在哪里都可以实现。因为在有超前作用的保持器下，其差分方程的输入项可能会需要 $k+1$ 时刻的值，因此在系统的反馈支路与主支路求和点后的第一个环节入口处不能加有超前作用的离散-再现环节。

在本系统中，解决此矛盾的方法是用 $y(k)$ 代替 $y(k+1)$。在系统的差分方程中，y 没有得到超前补偿，但计算 $x_2(k+1)$ 和 $x_3(k+1)$ 时 x_1 得到了超前一拍的补偿。得到超前一拍补偿的信号会比原信号超前，没得到补偿的信号会比原信号滞后，这都是不精确的。可是，从闭环系统来看，有些信号超前，有些信号滞后，因此综合来看这样做会使闭环系统的整体仿真精度提高。

该系统的最小 nT 为 82.45，最大 nT 为 500，因此，选择计算步距 DT=2，仿真时间 T_s=5000。计算点数 LP=T_s/DT=2500。

运行主程序块要完成一个循环计算，其结构形式为

```
for   k = 1:LP
/ *差分方程表达式 * /
end
```

在程序中，用变量 x_{11} 存放 $x_1(k+1)$，x_{10} 存放 $x_1(k)$，x_{21} 存放 $x_2(k+1)$，x_{20} 存放 $x_2(k)$，x_{31} 存放 $x_3(k+1)$，x_{30} 存放 $x_3(k)$，用数组元素 $X_3(183)$ 存放 $x_3\left(k+1-\frac{366}{2}\right)$，用数组 Outputy 存放输出 y 的各步值，则可得到仿真主运行程序。

扫描二维码 2-1 获取例 2-5 的仿真程序代码（包括 MATLAB 和 Python 两种语言形式），仿真结果如图 2-26 所示。

扫描二维码 2-2 获取例 2-1 的仿真程序代码（包括 MATLAB 和 Python 两种语言形式），仿真结果如图 2-27 所示。

扫描二维码 2-3 获取例 2-2 的仿真程序代码（包括 MATLAB 和 Python 两种语言形式），仿真结果如图 2-28 所示。

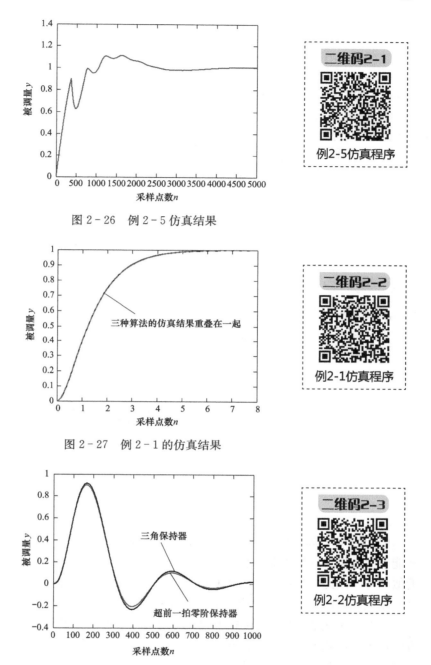

图 2-26　例 2-5 仿真结果

图 2-27　例 2-1 的仿真结果

图 2-28　例 2-2 的仿真结果

二维码 2-1
例 2-5 仿真程序

二维码 2-2
例 2-1 仿真程序

二维码 2-3
例 2-2 仿真程序

　　扫描二维码 2-4 获取例 2-3 的仿真程序代码（包括 MATLAB 和 Python 两种语言形式），仿真结果如图 2-29 所示。

　　扫描二维码 2-5 获取例 2-4 的仿真程序代码（包括 MATLAB 和 Python 两种语言形式），仿真结果如图 2-30 所示。

二维码2-4

例2-3仿真程序

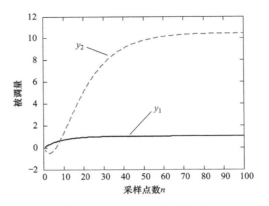

图 2-29　例 2-3 仿真结果

二维码2-5

例2-4仿真程序

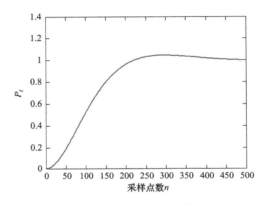

图 2-30　例 2-4 仿真结果

本 章 小 结

由于数字计算机不能对微分方程直接求解，必须将微分方程化成与其近似的差分方程才能求得数值解。即差分方程数值解在其采样点上的值和原微分方程在同一时刻的解析解近似相等。因此，连续系统的仿真问题，实际上就是将描述该系统的微分方程（或状态方程）化成相似的差分方程（或离散状态方程）的问题。而后者通常称作仿真模型。

离散-再现过程加入的位置不同，得到的差分方程有很大的不同，这构成了两种不同的方法：①离散相似法，关注的是怎样将离散后的信号进行再现；②数值积分法，关注的是怎样构造一个积分器。但从本质上说，它们所做的都是将信号离散化后，再进行再现（恢复）。在其他的仿真书中，这两种方法是从两个完全不同的角度来分析的，从本章的讨论中可以看出，它们均可以通过在连续系统的不同位置加采样开关，并选用适当的保持器和补偿器得到。也就是说，它们有着明显的内在联系，在理论上也是统一的，但是它们又有完全不同的特点。

常用的古典数值积分法是收敛的，计算步距在一定范围内也是稳定的。但是计算误差比离散相似法大。数值积分法有一个极大的优点，即不管系统多复杂，只要能求出其微分方程或状态方程，均可用一个通用的仿真模型来求解。如果选择了适当的方法和计算步距，可以将计算精度控制在需要的范围内。这一点恰恰是离散相似法做不到的。对于要求精度不高的实时仿真培训系统，可采用欧拉法；对于要求精度高一些的非实时仿真系统，可采用阶次高一些、步距小一些的数值积分法，当然计算时间要长一些；对于要求精度较高的实时仿真系统，则应采用现代数值积分法。

由于数字计算机串行计算的原因，并不是所有的信号都能进行超前补偿，三角保持器也不是放在哪里都可以实现。但从闭环系统来看，有些信号进行了超前补偿，有些信号没有补偿，会使闭环系统的整体仿真精度提高。在一个闭环系统中，多处使用超前一拍的零阶保持器，适合于刚性系统的仿真。

实 验 题

某 300MW 热电机组的主汽温串级控制系统如图 2-31 所示，对此系统进行仿真，输出导前区汽温 y_2 及主汽温 y_1 的仿真结果。

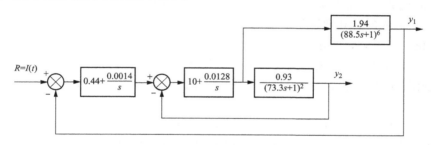

图 2-31 主汽温串级控制系统

第 3 章　智能优化理论与方法

学习优化理论与方法，绕不开最优化理论的知识基础。

最优化理论是关于系统的最优设计、最优控制、最优管理问题的理论与方法。这个理论是美国的贝尔曼在 1956 年提出的。最优化，就是在一定的约束条件下，使系统具有所期待的最优功能的过程；是从众多可能的解中找出最优解，使系统的目标函数在约束条件下达到最大或最小。最优化方法有几个基本因素：系统目标、实现目标的可能方案或者方法、实行各方案的代价、系统数学模型和制定系统评价标准等。现代优化理论及方法是在 20 世纪 40 年代发展起来的，其理论和方法逐渐丰富，如线性规划、非线性规划、动态规划、排队论、对策论、决策论、博弈论等。

智能优化理论与方法是在优化过程中引入智能算法，提高找到最优解的概率和获取效率，智能优化算法比较有代表性的是群体智能优化算法，发挥种群的优势，好比"众人拾柴火焰高"。

优化问题在各行各业普遍存在，例如，军事领域的航天测控资源均衡分配的调度，导弹飞行路径规划，经济领域的投资最大化问题，生活中的时间管理问题，工业生产中的流程优化问题等；在控制领域，尤其是工业控制领域，优化问题普遍存在，最突出的就是控制器参数优化的问题，限于篇幅，本章以控制器参数优化问题为背景，介绍智能优化理论与方法。

3.1　控制系统的参数优化问题

对于一个控制系统而言，最优化问题就是在满足一定设计约束条件下，如何使设计的控制系统某个指标函数达到最优（最小或最大）。目前在工业现场中，尽管常规的 PID 控制存在很多缺点，但是依然占据绝对的统治地位。对于常规的 PID 控制系统，最优化问题就是一个参数优化问题，即选择怎样的控制器参数能够使调节品质达到最佳。通过大量的实践和积累，人们得到了一些控制器参数整定的经验法则，包括衰减曲线法、临界比例带法和试验法，其中最典型的临界比例带法至今仍在工程中广泛应用。然而在实际应用中，这些法则普遍存在一些问题：不仅其效果严重地依赖于个人的经验，而且需耗费大量的时间进行现场试验。近些年随着计算机技术在控制领域的普及，人们开始使用各种优化算法解决控制系统参数整定的问题。

对于控制系统参数优化需要解决两方面的问题：第一，如何选取合适的目标函数；第二，在提出的指标函数下，采用什么样的优化策略改变系统参数，使这个指标函数达到最优（最小或最大），即寻优策略的问题。寻优策略问题实际上就是本章的智能优化理论要解决的问题。

为了介绍问题的连贯性，先看第一个问题，目标函数的选取。

3.1.1　目标函数的选取

相比较其他的优化问题，控制系统可以利用其性能指标作为一种目标函数的选择。控制系统的性能指标是衡量和比较控制系统工作性能的准则，衡量控制系统性能的指标包括稳定性、准确性和快速性三方面。其中稳定性是首要保证，只有稳定的系统才具有使用的意义。不同的控制对象，对调节品质的要求各有侧重，这就形成了各类不同的目标函数。在工程上，一般有两种选取目标函数的方法：第一种是直接按系统的品质指标提出的，调节品质型目标函数常见的有指定衰减率型目标函数和指定超调量型目标函数等；第二种为误差积分型目标函数，是基于系统的给定值与被调量之间的偏差积分提出的目标函数。

1. 调节品质型目标函数

按照热工控制系统的要求，提出以下具有约束条件的指定超调量型目标函数，具体形式为

$$\begin{cases} Q(M_p)=(M_p-M_{pb})^2 \\ \varphi > \varphi_{min} \\ t_r < t_{rmax} \end{cases} \tag{3-1}$$

式中：Q 为目标函数；M_p 为响应曲线的超调量；M_{pb} 为期望达到的超调量；φ 为响应曲线的衰减率；t_r 为响应曲线的上升时间；φ_{min}、t_{rmax} 分别为根据实际要求所允许的最小衰减率和最大上升时间。

同样提出了以下具有约束条件的指定衰减率型目标函数，具体形式为

$$\begin{cases} Q(\varphi)=(\varphi-\varphi_p)^2 \\ M_p < M_{pmax} \\ t_r < t_{rmax} \end{cases} \tag{3-2}$$

式中：φ_p 为期望达到的衰减率；M_{pmax} 为根据实际要求所允许的最大超调量。

2. 偏差积分型目标函数

偏差积分型目标函数，也被称为偏差积分准则，一般是指在单位阶跃扰动下，系统的给定值 $r(t)$ 与输出（被调量）$y(t)$ 之间的偏差 $e(t)$ 的某个函数的积分数值。可以有不同的形式，以下是三种比较常见的形式。

（1）平方误差积分准则（ISE）

$$ISE = \int_0^{t_s} e(t)^2 dt \approx \sum_{i=1}^{LP} e(i \cdot DT)^2 \cdot DT \tag{3-3}$$

式中：DT 为仿真计算步距；LP 为仿真计算点数，选择方法见第 2 章的式（2-102）、式（2-103），下同。

按照这种准则设计的控制系统，超调量较小，但响应速度较慢。

（2）时间乘平方误差积分准则（ITSE）

$$\text{ITSE} = \int_0^{t_s} te(t)^2 \mathrm{d}t \approx \sum_{i=1}^{\text{LP}} i \cdot \text{DT} \cdot e(i \cdot \text{DT})^2 \cdot \text{DT} \qquad (3-4)$$

基于这种准则设计的系统，考虑了起始动态偏差和响应时间，因此具有较小的超调量和较快的响应速度。

（3）时间乘绝对误差积分准则（ITAE）

$$\text{ITAE} = \int_0^{t_s} t \mid e(t) \mid \mathrm{d}t \approx \sum_{i=1}^{\text{LP}} (i \cdot \text{DT}) \cdot \mid e(i) \mid \cdot \text{DT} \qquad (3-5)$$

这种准则能反映控制系统的快速性和精确性，它与 ITSE 准则一样，具有较小的超调量和较快的响应速度。许多文献将此准则看作单输入单输出控制系统和自适应控制系统的最好性能指标之一。

同一个控制系统，按不同的积分准则优化控制器参数，其对应的系统响应也不同。

在采用误差积分准则优化 PID 参数的过程中，有的参数虽然能使系统具有较好的阶跃响应指标，但在调节过程中，控制器的输出呈现剧烈的振荡或过大的调节幅度。为了避免这一现象，防止控制能量变化过大，需要对上述目标函数进行修正，在积分项中加入控制器输出量 $u(t)$ 或者其二次方 $u^2(t)$。以 ITAE 为例，修正后的目标函数常为如下形式

$$\text{ITAE} = \int [c_1 t \mid e(t) \mid + c_2 \mid u(t) \mid] \mathrm{d}t$$

$$\text{ITAE} \approx \sum_{i=1}^{\text{LP}} [c_1 \cdot i \cdot \text{DT} \cdot \mid e(i \cdot \text{DT}) \mid + c_2 \cdot \mid u(i \cdot \text{DT}) \mid] \cdot \text{DT} \qquad (3-6)$$

或

$$\text{ITAE} = \int [c_1 t \mid e(t) \mid + c_2 u^2(t)] \mathrm{d}t$$

$$\text{ITAE} \approx \sum_{i=1}^{\text{LP}} [c_1 \cdot i \cdot \text{DT} \cdot \mid e(i \cdot \text{DT}) \mid + c_2 \cdot u(i \cdot \text{DT}) \cdot u(i \cdot \text{DT})] \cdot \text{DT} \quad (3-7)$$

式中：c_1、c_2 分别为偏差和控制量在目标函数中的权值。

式（3-6）在积分项中加入了控制器输出量的绝对值，以防止控制器输出量变化过大；而式（3-7）加入了控制器输出量的二次方值，目的是防止控制器输出的能量过大。

3. 综合型目标函数

对于热工对象，人们常常以某些品质指标（如衰减率，超调量等）作为衡量控制系统优劣的依据。但是如果采用式（3-1）或式（3-2）的调节品质型目标函数进行优化，往往造成调节时间较长或振荡时间较长。而采用误差积分型目标函数进行优化时，又很可能达不到人们对某些品质指标的期望。因此人们考虑将两类目标函数相结合，从而得到一类综合型的目标函数。一种典型的综合型目标函数为

$$Q = d_1 \int [c_1 t \mid e(t) \mid + c_2 u^2(t)] \mathrm{d}t + d_2 \mid M_p - M_{\text{pb}} \mid \qquad (3-8)$$

式中：d_1、d_2 分别为积分型目标函数和指标型目标函数的权值；$u(t)$ 为控制器的输出。

4. 概率模型目标函数

随着机器学习的兴起，概率模型也被用来解决优化和建模问题。当机器学习模型的输

出是一个概率分布时，此时要拟合一个新的概率分布 $Q(x_i)$，使它和目标概率分布 $P(x_i)$ 尽可能接近。这就需要用到衡量两个概率分布差距的指标，典型的包括交叉熵、KL 散度、JS 散度等。

（1）交叉熵。交叉熵用来衡量两个分布的差异，表达式为

$$H(P,Q) = E_P[-\ln Q(x)] = -\sum_{i=1}^{n} P(x_i)\ln Q(x_i) \tag{3-9}$$

交叉熵是非负的，其值越大，两个概率分布的差异越大；其值越小，则两个概率分布的差异越小。

（2）KL 散度。KL 散度也称为相对熵，同样用于衡量两个概率分布之间的差距，同时也表示选择新的概率分布所丢失的信息量。KL 散度也是非负的，其值越大，则说明两个概率分布的差距越大；当两个分布完全相等时，KL 散度值为 0。

对于两个离散型概率分布 $P(x_i)$ 和 $Q(x_i)$，它们之间的 KL 散度定义为

$$D_{KL}(P \parallel Q) = \sum_{i=1}^{n} P(x_i)\log\frac{P(x_i)}{Q(x_i)} = \sum_{i=1}^{n} P(x_i)[\log P(x_i) - \log Q(x_i)] \tag{3-10}$$

同时，交叉熵和 KL 散度之间存在转换关系为

$$H(P,Q) = H(P) + D_{KL}(P \parallel Q) \tag{3-11}$$

交叉熵和 KL 散度不存在对称关系，即

$$H(P,Q) \neq H(Q,P), D_{KL}(P \parallel Q) \neq D_{KL}(Q \parallel P) \tag{3-12}$$

（3）JS 散度。JS 散度也是用于衡量两个概率分布之间的差异，解决了交叉熵和 KL 散度的不对称问题。JS 散度定义为

$$D_{JS}(p \parallel q) = \frac{1}{2}D_{KL}\left(p \parallel \frac{p+q}{2}\right) + \frac{1}{2}D_{KL}\left(q \parallel \frac{p+q}{2}\right) \tag{3-13}$$

JS 散度的取值范围为 $D_{JS}(p \parallel q) \in [0,1]$。分布相同为 0，相反为 1。

以上介绍的多种目标函数具有不同的优缺点，实际应用中，应根据控制系统的具体要求选择不同形式的目标函数。

5. 计算控制系统动态品质指标子程序

计算控制系统动态品质指标子程序可以通过扫描二维码 3-1 获取（包括 MATLAB 和 Python 两种语言形式），程序中 y 存放系统的单位阶跃响应数据。

二维码3-1

计算品质指标
子程序

3.1.2 最优化方法概述

最优化问题一般是指在满足一定约束条件下，通过选择某一个或者某些变量，使得所选定的目标函数达到最优。早在公元前 500 年，古希腊的学者就已发现了黄金分割法，0.618 的黄金比例一直沿用到了现在。17 世纪，牛顿和莱布尼茨在他们所创建的微积分中，提出求解具有多个自变量的实值函数的极值方法。后来又出现解决等式约束下的极值问题的拉格朗日乘数法以及解决泛函极值问题的变分法等。这些都是求解最优化问题的基础理论和方法。20 世纪 40 年代以来，由于科学研究迅猛发展和计算机的日益普及，最优化问题的研究不仅成为一种迫切需要，而且出现了更为有力的求解工具。近代最优化方法的形成和发展过程中最具代表性的成果有：以苏联康托罗维奇和美国丹齐克

为代表的线性规划；以美国库恩和塔克尔为代表的非线性规划；以美国贝尔曼为代表的动态规划；以苏联庞特里亚金为代表的极大值原理等。之后，随着人工智能理论与技术的发展，遗传算法、蚁群算法、粒子群算法等群体智能化方法相继被提出，标志着人们在最优化方法的研究中又探索出一条新的途径。

最优化问题本质上是一个求极值的问题。随着系统复杂程度的变化，待优化问题不一定能够直接利用数学方法求导实现极值的计算。对于复杂优化问题，往往利用某种快速搜索方法实现极值的计算。按照极值获取方法的不同，一般划分为经典最优化方法和智能优化方法。

1. 经典最优化方法

经典的最优化方法又可以分为解析法、直接法和数值法。

（1）解析法。解析法是根据最优性的必要条件，通过对目标函数或广义目标函数求导，得到一组方程或不等式，再求解这组方程或不等式。该方法只适用于目标函数和约束条件有明显解析表达式的情况，而且能够通过人工计算获得目标函数的导数。对于控制系统的参数优化而言，其目标函数的导数常常无法求取，因此该方法不适合进行控制系统的优化。

（2）直接法。直接法无须求解目标函数的导数，而是采用直接搜索的方法，经过若干次迭代搜索到最优点。与智能优化方法的区别是，这类方法常常根据经验或试验得到所需结果。对于一维搜索（单变量极值问题），主要有黄金分割法和多项式插值法；对于多维搜索（多变量极值问题），主要有变量轮换法和单纯形法等。当目标函数较为复杂或者不能用变量显函数描述时，可以采用这种方法解决问题。变量轮换的核心思想是将多变量的优化问题轮流地转化为单变量的优化问题。但仅适用于维数较低且目标函数具有类似正定二次型特点的情况。就控制系统而言，该方法可以有效地解决采用 PI 控制律的单回路控制系统优化问题。但是对于多回路或较复杂的控制系统的优化，该方法往往表现出较低的求解效率。这种情况下，单纯形法显得更为有效和实用。单纯形法是一种发展较早的优化算法，具有操作简单、计算量小、适用面广和便于计算机实现等优点。与变量轮换法一样，它的缺点是对初值的选择比较敏感，不恰当的初值常常是导致寻优失败的首要原因。此外，对于多极值或者多峰问题，这两种方法都无能为力。

（3）数值法。与直接法类似，数值法采用直接搜索的方法迭代搜索最优点。所不同的是，它以目标函数梯度的反方向作为指导搜索方向的依据，搜索过程具有更强的目的性，因此比简单的直接法具有更高的效率。它也因此被看作是一种解析与数值计算相结合的方法。典型的有最速下降法、共轭梯度法和牛顿法等。其缺点是需要求目标函数的梯度，因而不适于进行控制系统的优化。

2. 智能优化方法

智能优化算法是通过模拟某一自然现象或过程而建立起来的，具有高度并行、自组织、自学习与自适应等特征，为解决复杂问题提供了一种新途径。在控制系统优化中，应用较多的算法有遗传算法（GA）、蚁群算法（ACO）和粒子群算法（PSO）等。

（1）遗传算法。遗传算法来源于对生物进化过程的模拟，它根据"优胜劣汰"原则，将问题的求解表示成个体的适者生存过程。代表个体特征的染色体通过交叉和变异等操作逐代进化，最终收敛到最适应环境的个体，即问题的最优解或满意解。相对于传统的优化方法，遗传算法具有显著的优点。该算法允许所求解的问题是非线性、不连续以及多极值的，并能从整个可行解空间寻找全局最优解和次优解，避免只得到局部最优解。这样可以提供更多有用的参考信息，以便更好地进行系统控制。同时其搜索最优解的过程是有指导性的，避免了一般优化算法的维数灾难问题。

（2）蚁群算法。蚁群算法是受自然界中蚂蚁搜索食物行为的启发而提出的一种随机优化算法，单个蚂蚁是脆弱的，而蚁群的群居生活却能完成许多单个个体无法承担的工作，蚂蚁间借助于信息素这种化学物质进行信息的交流和传递，并表现出正反馈现象，即某段路径上经过的蚂蚁越多，该路径被重复选择的概率就越高。正反馈机制和通信机制是蚁群算法的两个重要基础。

（3）粒子群算法。粒子群算法来源于对鸟群优美而不可预测的飞行动作的模拟，粒子的飞行速度随粒子自身和同伴的历史飞行行为动态改变。它没有遗传算法用的交叉、变异等操作，而是让粒子在解空间追随最优的粒子进行搜索。同遗传算法比较，其优势在于简单容易实现且没有许多参数需要调整。

本章将在随后的各节中详细介绍上述算法及其在控制系统参数优化中的应用。

3.2 单 纯 形 法

单纯形法的基本想法是从线性规划可行集的某一个顶点出发，沿着使目标函数值下降的方向寻求下一个顶点，而组成面的顶点个数是有限的，所以只要这个线性规划有最优解，那么通过有限步迭代后，必可求出最优解。为了便于理解单纯形法的基本思想，可以设想一个盲人爬山，他每向前走一步之前，都要把拐杖向前试探几下，然后向周围最高的那一点迈出一步。单纯形法就是基于这种想法设计的。

以二元函数为例，如图 3-1 所示，在平面上随机选 1、2、3 三点构成初始单纯形（从形状上来说，它们构成一个三角形），计算这三点的函数值，并对它们的大小进行比较，假设其中 Q_1 最大，则将其扬弃；在 1 点的对面取一点 4，构成一个新的三角形，再比较它们的大小，其中 Q_2 最大，故将 2 点扬弃；在 2 点的对面取一点 5，3、4、5 点又构成一个新的三角形，如此一直循环下去，最后可找到最优点 x^*。

对于一般的 n 元函数 Q_x（x 为 n 维向量），可取 n 维空间的 $n+1$ 个点，构成初始单纯形。这个 $n+1$ 个点应使 n 个向量 x_1-x_0，x_2-x_0，$\cdots$，x_n-x_0 线形无关。如果取的点少，或上述 n 个向量有一部分线形相关，那么就会使搜索极小点的范围局限在一个低维空间内；如果极小点不在这个空间内，那就搜索不到了。

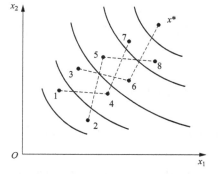

图 3-1 单纯形法寻优过程

3.2.1 单纯形算法的流程图

单纯形法寻优过程如图 3-2 所示。

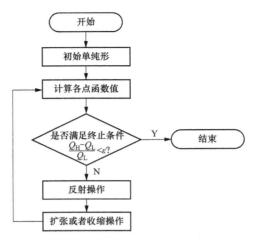

图 3-2　单纯形法寻优过程

3.2.2　单纯形算法的步骤

1. 选择初始单纯形

取单纯形 n 个向量为"等长"，若已选定 x_0，则

$$x_i = x_0 + he_i \qquad i = 1, 2, \cdots, n \tag{3-14}$$

式中：e_i 为第 i 个单位坐标向量。

计算出各点的目标函数值 $Q_i = Q(x_i)$。

2. 评价各点函数值

比较各函数值的大小，选出最好的点 x_L、最差的点 x_H 和次最差的点 x_G，其对应的目标函数值分别为 Q_L、Q_H 和 Q_G。如果满足终止准则，则认为搜索成功，终止迭代过程。

$$\frac{Q_H - Q_L}{Q_L} < \varepsilon \tag{3-15}$$

式中：ε 为精度，是一个预先给定的充分小的正数，可取 $0.0001 < \varepsilon < 0.01$。

3. 求反射点（即新的点）x_R

找出去掉 x_H 后的 n 个顶点的形心坐标

$$x_C = \frac{1}{n} \Big[\Big(\sum_{i=1}^{n+1} x_i \Big) - x_H \Big] \tag{3-16}$$

然后采用下式进行反射操作

$$x_R = x_C + \alpha(x_C - x_H) \tag{3-17}$$

式中：$\alpha > 0$ 为一给定的常数，称为反射系数，通常取 $\alpha = 1$。

4. 单纯形的扩张

若 $Q_R = Q(x_R) < Q_G$，则说明反射成功，还可扩大成果

$$x_E = x_C + \mu(x_R - x_C) \tag{3-18}$$

式中：$\mu > 1$ 为另一给定的常数，称为扩大系数。如果 $Q(x_E) < Q(x_R)$，则说明扩张成功，以 x_E 取代 x_H；否则表明扩大成果失败，用 x_R 取代 x_H。然后转向"2"。

5. 单纯形的压缩

若 $Q_R \geqslant Q_G$，说明反射点仍然是最差的点，反射无效。这时需要对单纯形进行压缩

$$\begin{cases} x_S = x_H + \lambda(x_C - x_H) & Q_H \leqslant Q_R \\ x_S = x_C + \lambda(x_R - x_C) & Q_H > Q_R \end{cases} \tag{3-19}$$

式中：x_S 为压缩后的点；常数 λ（$0 < \lambda < 1$）为压缩因子。

式（3-19）的意义是：当 $Q_H \leqslant Q_R$ 时，表明反射点的质量比不上原来的最差点，所以将压缩点放在原单纯形的最差点一侧；反之，则将压缩点放在反射点一侧。求出 $Q_S = Q(x_S)$ 后，若 $Q_S \leqslant Q_G$，说明压缩成功，则以 x_S 取代 x_H，转向 "2"，否则转向 "6"。

6. 单纯形的收缩

若压缩后函数值仍较大，即 $Q_S > Q_G$，说明原来的单纯形取得太大，将它的所有边都缩小，即所有点都向着最好点 x_L 靠近

$$x_i = x_L + \frac{1}{2}(x_i - x_L) \qquad i = 0, 1, \cdots, n \ \text{且} \ i \neq L \tag{3-20}$$

这样就构成新的单纯形。计算各新点的目标函数值，并转向 "2"。

当经过 K 次搜索后仍不能满足式（3-20）时，则认为搜索失败。

3.2.3　单纯形法的说明及应用实例

鉴于单纯形法对初值的敏感性，为了保证其初值具有一定的可取性，可根据经验确定各控制器参数的选择范围。为使各次搜索的初值具有一定的多样性，程序中采用随机的方法产生初始单纯形。但是，这样做会使得每次运行程序时得到不同的运行结果。为了得到满意的结果，需要多次运行程序，从中选择一组较好的参数即可。

【例 3-1】　已知某 300MW 热电机组主汽温控制系统结构如图 3-3 所示。主、副控制器均使用 PI 控制律，且 $\delta_1 \in (0.5, 3)$，$T_{i1} \in (40, 200)$，$\delta_2 \in (0.1, 2)$，$T_{i2} \in (20, 120)$。选择目标函数为：$Q = \int [c_1 t |e(t)| + c_2 |u(t)|] \mathrm{d}t$，其中：$c_1 = 0.02$，$c_2 = 0.98$。

用单纯形法优化主、副控制器的参数。

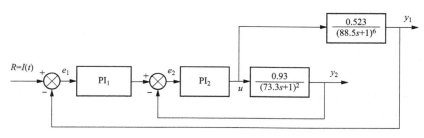

图 3-3　某主汽温串级控制系统

解　扫描二维码 3-2 和 3-3 获取计算目标函数子程序（Object_s. m 或者 Object_s. py）和单纯形法优化算法主程序（O_Simplex_main. m 或者 O_Simplex_main. py）。

优化结果如图 3-4 所示。

二维码3-2

计算目标函数
子程序

二维码3-3

单纯形法优化算法
主程序

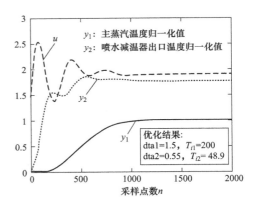

图 3-4　优化后系统的单位阶跃响应曲线

3.3　遗传优化算法

遗传算法（Genetic Algorithms，GA）起源于 20 世纪 60 年代初期，主要由美国密歇根大学的约翰·霍兰德（John Holland）教授提出。遗传算法从试图解释自然系统中生物的复杂适应过程入手，模拟生物进化的机制来构造人工系统的模型。该算法提供了一种求解复杂系统优化问题的通用框架，它不依赖于问题的具体形式，对问题的种类有很强的鲁棒性，所以广泛应用于函数优化、组合优化、模式识别、图像处理、信号处理、神经网络、生产调度、自动控制、机器人控制、机器学习等众多学科领域。随后经过 20 余年的发展，该算法取得了丰硕的应用成果，特别是近年来世界范围形成的进化计算热潮，计算智能已作为人工智能研究的一个重要方向，以及后来的人工生命研究兴起，使遗传算法受到广泛的关注。

3.3.1　遗传算法的基本原理

遗传算法是从代表问题可能潜在解集的一个种群开始的，而一个种群则由经过基因编码的一定数目的个体组成。每个个体实际上是染色体带有特征的实体。染色体作为遗传物质的主要载体，即多个基因的集合，其内部表现是某种基因组合，它决定了个体形状的外部表现。因此在一开始需要实现从表现型到基因型的映射，即编码工作。由于仿照基因编码的工作很复杂，通常会进行简化，如二进制编码。初始种群产生之后，按照适者生存和优胜劣汰的原理，逐代演化产生出越来越好的近似解。在每一代，根据问题域中个体适应度大小挑选个体，并借助于自然遗传学的遗传算子进行组合交叉和变异，产生出代表新的解集的种群。这个过程导致种群像自然进化一样，后代种群比前代更加适应环境，末代种群中的最优个体经过解码，可以作为问题的近似最优解。

标准遗传算法的计算流程如图 3-5 所示。从图中可以看出，遗传算法是一种种群型操作，该操作以种群中的所有个体为对象，具体求解步骤如下。

（1）参数编码。遗传算法一般不直接处理问题空间的参数，而是将待优化的参数集进行编码，比如用二进制将参数集编码成由 0 或 1 组成的有限长度的字符串。参数编码的目的是便于后续遗传操作。

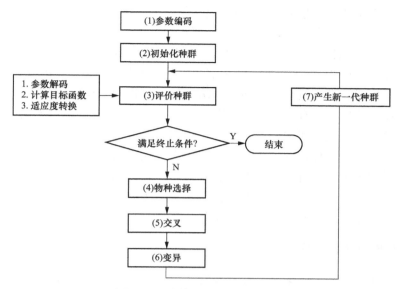

图 3-5　遗传算法的计算流程图

（2）初始化种群。随机产生 n 个个体组成一个群体，该群体代表一些可能解的集合。遗传算法的任务是从这些群体出发，模拟进化过程进行择优汰劣，最后得出优秀的群体和个体，满足优化的要求。

（3）评价种群（适应度函数的设计）。遗传算法在运行中基本上不需要外部信息，只需依据适应度函数来控制种群的更新。根据适应度函数对群体中的每个个体计算其适应度，为群体进化的选择提供依据。设计适应度函数的主要方法是将问题的目标函数转换成合适的适应度函数。

（4）物种选择。按一定概率从群体中选择 M 对个体，作为双亲用于繁殖后代，产生新的个体加入下一代群体。即适应于生存环境的优良个体将有更多繁殖后代的机会，从而使优良特性得以遗传。选择是遗传算法的关键，它体现了自然界中适者生存的思想。

（5）交叉。对于选中的用于繁殖的每一对个体，随机地选择同一整数 n，将双亲的基因码链在此位置相互交换。交叉体现了自然界中信息交换的思想。

（6）变异。按一定的概率从群体中选择若干个个体，对于选中的个体，随机选择某一位进行取反操作。变异模拟了生物进化过程中的偶然基因突变现象。

（7）产生新一代种群。对产生的新一代群体进行重新评价、选择、交叉和变异操作。如此循环往复，使群体中最优个体的适应度和平均适应度不断提高，直至最优个体的适应度达到某一界限或最优个体的适应度和平均适应度值不再提高，则迭代过程收敛，算法结束。

3.3.2　遗传算法的理论基础

约翰·霍兰德教授的模式理论奠定了遗传算法的数学基础。将编码的字符串中具有类似特征的子集定义为模式，模式阶和模式长度代表着模式的特征，具有低阶、短定义距以及平均适应度高于种群适应度的模式在子代中呈指数增长。有研究结果表明，每一代模式的下限值是 $n^3/(C_1 l^{1/2})$，其中 n 是群体大小，l 是二进制编码的长度，C_1 是一个小整数。

在模式理论的框架下，遗传算法通过短定义距、低阶以及高适应度的模式，在选择、交叉和变异操作下，最终接近全局最优解。但是模式理论存在明显的缺陷，例如只对二进制编码适用，只是指出了在什么条件下模式会按指数增长或者衰减，无法推断算法的收敛性。

贝斯克（A. D. Bethke）在其博士论文中，应用沃尔什（Walsh）函数进行遗传算法的模式处理，计算模式的平均适应度。同时，沃尔什函数也用来研究欺骗函数问题，所谓欺骗函数就是那些对遗传算法有误导，使其错误地收敛到非全局最优解状态的函数。

针对遗传算法的收敛性问题，人们建立了遗传算法的马尔可夫链模型，对遗传算法的极限行为和收敛性进行各种角度的刻画。马尔可夫链模型将遗传算法的种群迭代序列视为一个有限状态马尔可夫链进行研究，通过转移概率矩阵分析遗传算法的极限行为。种群的状态可以由一个概率向量表示，当种群规模趋于无穷大时，可以推导出表示种群概率向量的迭代方程，进一步实现遗产算法的概率性全局收敛分析。

3.3.3 遗传算法的实现

遗传算法的实现涉及参数编码、种群设定、适应度函数和遗传操作等要素的选择和设计。本节将介绍标准遗传算法中一些常规实现技术。

1. 编码

编码是应用遗传算法时首先要解决的问题，也是设计遗传算法时的一个关键步骤。编码方法除了决定了个体的染色体排列形式之外，还决定了个体从搜索空间的基因型变换到解空间的表现型时的解码形式，编码方法也影响到交叉算子、变异算子等遗传算子的运算方法。因此，编码方法在很大程度上决定了如何进行群体的遗传进化运算以及遗传进化运算的效率。常用的编码方法有二进制编码方法、格雷码编码方法、浮点数编码方法、符号编码方法、多参数级联编码方法、多参数交叉编码方法等。下面介绍几种较常用的方法。

（1）二进制编码。二进制编码方法是遗传算法中最常用的一种编码方法，它使用的编码符号集是由二进制符号 0 和 1 所组成的二值符号集 $\{0，1\}$，它所构成的个体基因型是一个二进制编码符号串。

二进制编码符号串的长度与问题所要求的求解精度有关。假设某一参数的取值范围是 $[U_{\min}，U_{\max}]$，用长度为 l 的二进制编码符号串来表示该参数，则它总共产生 $2^l - 1$ 种不同的编码，参数编码时的对应关系如下

$$0 \ 0 \ 0 \ 0 \ \cdots \ 0 \ 0 \ 0 \ 0 = 0 \qquad\qquad U_{\min}$$
$$0 \ 0 \ 0 \ 0 \ \cdots \ 0 \ 0 \ 0 \ 1 = 1 \qquad\qquad U_{\min} + \delta$$
$$\vdots$$
$$1 \ 1 \ 1 \ 1 \ \cdots \ 1 \ 1 \ 1 \ 1 = 2^l - 1 \qquad\quad U_{\max}$$

则二进制编码的精度为

$$\delta = \frac{U_{\max} - U_{\min}}{2^l - 1} \tag{3-21}$$

假设某一个体的编码为

$$b_l \quad b_{l-1} \quad b_{l-2} \quad \cdots \quad b_2 \quad b_1$$

则对应的解码公式为

$$x = U_{\min} + (\sum_{i=1}^{l} 2^{l-1} b_i)\delta \qquad (3-22)$$

二进制编码方法的优点有：编码和解码操作简单易行；便于实现交叉、变异等遗传操作；符合最小字符集编码原则；便于利用模式定理对算法进行理论分析。

（2）格雷码编码。格雷码（Gray Code）是二进制代码的一种变形。其特点是连续的两个整数所对应的编码值之间仅仅只有一个码位是不相同的，其余码位都完全相同。

假设有一二进制代码为 $B = b_l \quad b_{l-1} \cdots b_2 \quad b_1$，其对应的格雷码为 $G = g_l \quad g_{l-1} \cdots g_2$ g_1。由二进制代码转换为格雷码的公式为

$$\begin{cases} g_l = b_l \\ g_i = b_{i+1} \oplus b_i \quad i = l-1, l-2, \cdots, 1 \end{cases} \qquad (3-23)$$

由格雷码转换为二进制代码的公式为

$$\begin{cases} b_l = g_l \\ b_i = b_{i+1} \oplus g_i \quad i = l-1, l-2, \cdots, 1 \end{cases} \qquad (3-24)$$

格雷码的特点为：任意两个整数的差是这两个整数所对应的格雷码之间的海明距离（Hamming Distance）。遗传算法的局部搜索能力不强，引起这个问题的主要原因是，新一代群体的产生主要是依靠上一代群体之间的随机交叉重组来完成的，所以即使已经搜索到最优解附近，而想要达到这个最优解，却要付出较大的代价。对于用二进制编码的个体，变异操作有时只是一个基因座的差异，当基因座在二进制的高位时，对应的参数值相差较大。但是若使用格雷码编码，则编码串之间只有一位差异，对应的参数值也只是微小的差别。这样就相当于增强了遗传算法的局部搜索能力，便于对连续函数进行局部空间的搜索。

（3）浮点数编码。浮点数编码方法是指个体的每个基因值用某一范围内的一个浮点数来表示，个体的编码长度等于其决策变量的个数。因为它使用的是决策变量的真实值，所以浮点数编码方法也叫真值编码方法。浮点数编码方法改进了二进制编码连续函数离散化时的映像误差、不便于反映所求问题的特定知识的缺点，但是其选择、交叉和变异操作相对较困难。

2. 种群设定

种群设定的主要问题是群体规模（群体中包含的个体数目）的设定。作为遗传算法的控制参数之一，群体规模和交叉概率、变异概率等参数一样，直接影响遗传算法的效能。当群体规模 n 太小时，遗传算法的搜索空间中解的分布范围会受到限制，因此搜索有可能停止在未成熟阶段，引起未成熟收敛（Premature Convergence）现象。当群体规模 n 较大时，可以保持群体的多样性，避免未成熟收敛现象，减少陷入局部最优解风险。但较大的群体规模意味着较高的计算成本。在实际应用中应当综合考虑这两个因素，选择适当的群体规模。

初始群体的设定一般采用如下策略：

（1）根据对问题的了解，设法把握最优解在整个问题空间中的可能分布范围，然后在此范围内设定初始群体。

（2）先随机生成一定数目的个体，然后从中挑选出最好的个体加到初始群体中。重复这一过程，直到初始群体中个体数目达到预先确定的规模。

3. 适应度函数

遗传算法的适应度函数不受连续可微的限制，其定义域可以是任意集合。对适应度函数的唯一要求是，对给定的输入能够计算出可以用来比较的非负输出，以此作为选择操作的依据。下面介绍适应度函数设计的一些基本准则和要点。

（1）目标函数映射成适应度函数。一个常用的办法是将优化问题中的目标函数映射成适应度函数。在优化问题中，有些是求费用函数（或代价函数）$J(x)$ 的最小值，有些是求效能函数（或利润函数）$J(x)$ 的最大值。因为在遗传算法中要根据适应度函数值计算选择概率，所以要求适应度函数的值取非负值。

控制系统参数优化问题是一个非负目标函数的最小化问题，可采用如下变换转换为适应度函数

$$f(x) = \frac{1}{J(x)} \tag{3 - 25}$$

（2）适应度函数的尺度变换（Scaling）。在遗传算法中，群体中个体被选择参与竞争的机会与适应度有直接关系。在遗传进化过程中（通常在进化迭代初期），有时会出现一些超常个体。若按适应度比例选择策略，则这些超常个体有可能因竞争力太突出而影响选择过程，在新群体中占很大比例，导致未成熟收敛，影响算法的全局优化性能。此时，应设法降低这些超常个体的竞争能力，可以通过缩小相应的适应度函数值实现。另外，在遗传进化过程中（通常在进化迭代后期），虽然群体中个体多样性尚存，但往往会出现群体的平均适应度已接近最佳个体适应度的情形，在这种情况下，个体间竞争力减弱，最佳个体和其他大多数个体在选择过程中有几乎相等的选择机会，从而使有目标的优化过程趋于无目标的随机漫游过程。对于这种情形，应设法提高个体间竞争力，可以通过放大相应的适应度函数值实现。这种对适应度的缩放调整即为适应度尺度变换。

目前常用的个体适应度尺度变换方法主要有三种：线性尺度变换、乘幂尺度变换和指数尺度变换。

1）线性尺度变换。设原适应度函数为 f，尺度变换后的新适应度函数为 f'，则线性尺度变换公式为

$$f' = af + b \tag{3 - 26}$$

式中，系数 a、b 的选择应满足两个条件：其一，尺度变换后的新适应度函数平均值 $\overline{f'}$ 与原适应度函数平均值 $\overline{f}$ 相等，以保证群体中适应度接近于平均适应度的个体能够有期待的数量被遗传到下一代群体中；其二，尺度变换后的新适应度函数最大值 f'_{max} 等于原适应度函数平均值 $\overline{f}$ 的指定倍数，以保证群体中最好的个体能够期望复制 c 倍到新一代群体中，即

$$f'_{max} = c\overline{f} \tag{3 - 27}$$

式中：c 为最优个体期望值达到的复制数。对于群体规模 n 介于 $50 \sim 100$ 之间，c 取在 $1.2 \sim 2$ 之间，已经有了成功的实验结果。

线性尺度变换公式中的系数 a、b 可根据两点式确定，即利用

$$\begin{cases} \overline{f'} = \overline{f} \\ f'_{max} = c\overline{f} \end{cases} \tag{3 - 28}$$

确定

$$\begin{cases} a = \dfrac{c-1}{f_{\max} - \overline{f}}\,\overline{f} \\ b = \dfrac{f_{\max} - c\overline{f}}{f_{\max} - \overline{f}}\,\overline{f} \end{cases} \qquad (3-29)$$

利用式（3-29）做线性尺度变换时有可能出现负适应度。这时，可以简单地将原适应度函数最小值 $f_{\min}$ 映射到变换后适应度函数最小值 $f'_{\min}$。但此时仍要保持 $\overline{f'} = \overline{f}$。在进行尺度变换前，先对变换后适应度的非负性进行判别，即

$$f_{\min} > \dfrac{c\overline{f} - f_{\max}}{c-1} \qquad (3-30)$$

采用式（3-29）计算 a、b 的值。否则，利用

$$\begin{cases} \overline{f'} = \overline{f} \\ f'_{\min} = 0 \end{cases} \qquad (3-31)$$

可得

$$\begin{cases} a = \dfrac{\overline{f}}{\overline{f} - f_{\min}} \\ b = \dfrac{f_{\min}\overline{f}}{\overline{f} - f_{\min}} \end{cases} \qquad (3-32)$$

2）乘幂尺度变换。乘幂尺度变换定义为

$$f' = f^k \qquad (3-33)$$

幂指数 k 与所求的问题有关，并且在算法的执行过程中需要不断对其进行修正，才能使尺度变化满足一定的伸缩要求。

3）指数尺度变换。指数尺度变换定义为

$$f' = e^{kf} \qquad (3-34)$$

系数 k 决定了选择的强制性，k 越小，原有适应度较高的个体的新适应度与其他个体的新适应度相差越大，即增加了选择该个体的强制性。

4. 遗传操作

遗传操作包括三个基本遗传算子：选择、交叉和变异。这三个遗传算子有如下特点：

（1）它们都是随机化操作。因此，群体中个体向最优解迁移的规则和过程是随机的。但是需要指出的是，这种随机化操作和传统的随机搜索方法是有区别的。不同于一般随机搜索方法所进行的无向搜索，遗传操作进行的是高效有向的搜索。

（2）遗传操作的效果除了与编码方法、群体规模、初始群体以及适应度函数的设定有关外，还与上述三个遗传算子所取得的操作概率有关。

（3）三个遗传算子的操作方法随具体求解问题的不同而异，也与个体的编码方式直接相关。

下面基于最常用的二值编码介绍三个遗传算子的操作方法。

（1）选择算子。从群体中选择优质个体，淘汰劣质个体的操作称为选择。选择算子亦称为再生算子（Reproduction Operator）。选择操作建立在群体中个体的适应度进行评估的基础上。目前常用的选择方法有如下几种。

1）适应度比例方法（Fitness Proportional Model）。适应度比例方法是目前遗传算法中最基本也是最常用的选择方法，也称为轮盘赌选择（Roulette Wheel Selection）或蒙特卡罗选择（Monte Carlo Selection）。在这种选择机制中，个体每次被选中的概率与其在群体环境中的相对适应度成正比。

设群体规模为 n，其中第 i 个个体的适应度为 f_i，则其被选择的概率为

$$P_{si} = \frac{f_i}{\sum_{i=1}^{n} f_i} \tag{3-35}$$

可见 P_{si} 是第 i 个个体的适应度在整个群体的个体适应做总和中所占的比例。个体适应度越大，其被选择的概率就越高，反之亦然。

其选择过程可描述如下：

a）依次累计群体内各个体的适应度，得到相应的适应度累计值 S_i，最后一个适应度累计值为 S_n。

b）在 $[0, S_n]$ 区间内产生均匀分布的随机数 R。

c）依次用 S_i 与 R 相比较，第一个使 S_i 大于或等于 R 的个体 i 入选。

d）重复 b）、c）直至所选择个体数目满足要求。

这一选择操作是依据相邻两个适应度累计值的差值进行的，即

$$\Delta S_i = S_i - S_{i-1} = f_i \tag{3-36}$$

式中：f_i 为第 i 个个体的适应度。

事实上，适应度 f_i 越大，ΔS_i 的距离越大，随机数落在这个区间的可能性越大，第 i 个个体被选中的机会越多。从统计意义上讲，适应度越大的个体，被选择的机会越大。适应度小的个体，尽管被选中的概率小，但仍有可能被选中，从而有利于保持群体的多样性。

2）最佳个体保留方法（Elitist Model）。该方法首先按适应度比例选择方法执行遗传算法的选择操作，然后将当前解群体中适应度最高的个体直接复制到下一代群体中。它的主要优点是能够保证遗传算法终止时得到的结果一定是历代出现过的具有最高适应度的个体。但是，这也隐含了一种危机，即局部最优个体的遗传基因会急剧增加而使进化有可能陷于局部最优解。

3）期望值方法（Expected）。在执行轮盘赌选择机制时，适应度高的个体可能被淘汰，而适应度低的个体可能被选择。若想避免这种随机误差的影响，可以采用期望值方法，步骤如下：

首先计算群体中每个个体在下一代生存的期望值，公式为

$$R_i = \frac{nf_i}{\sum_{i=1}^{n} f_i} \tag{3-37}$$

然后按期望值 R_i 的整数部分安排个体被选中的次数。而对期望值 R_i 的小数部分，可按确定方式或随机方式进行处理。确定方式是将 R_i 的小数部分按值的大小排列，从大到小依次选择，直到被选择的个体数达到群体规模为止。随机方式可按轮盘赌选择机制进行，直到选满为止。

以上介绍的是常用的几种选择方法。在具体使用时，应根据求解问题的特点适当选用，

或将几种选择机制混合运用。

（2）交叉算子。遗传算法中核心作用的是遗传操作的交叉算子。交叉是指对两个父代个体的部分结构进行重组生成新个体的操作。交叉算子的设计应与编码设计协调进行，使之满足交叉算子的评估准则，即交叉算子需保证前一代中优质个体的性状能在下一代的新个体中尽可能地得到遗传和继承。

对二进制编码来说，交叉算子包括两个基本内容：一是在由选择操作形成的配对库（Mating Pool）中，对个体随机配对，并按预先设定的交叉概率 P_c 决定每对是否需要交叉操作；二是设定配对个体的交叉点（Cross Site），并对配对个体在这些交叉点前后的部分结构进行交换。下面针对二进制编码介绍几种基本的交叉算子。

1）单点交叉（One - point Crossover）。在个体编码串中随机设定一个交叉点，然后对两个配对个体在该点前后的部分结构进行互换，生成两个新个体。例如：

个体 A：1 0 0 1 0↑1 1 1→1 0 0 1 0 0 0 0　个体 A'

个体 B：0 0 1 1 1↑0 0 0→0 0 1 1 1 1 1 1　个体 B'

在本例中，交叉点设置在第 5 和第 6 个基因座之间。交叉时，该交叉点后的两个个体的编码串互相交换。于是，个体 A 的第 1～第 5 个基因与个体 B 第 6～第 8 个基因组成一个新的个体 A'。同理，可得到新个体 B'。交叉点是随机设定的，若染色体长为 l，则可能有 $l-1$ 个交叉点设置。

2）两点交叉（Two - point Crossover）。首先随机设定两个交叉点，再对两个配对个体在这两个交叉点之间的编码串进行互换，生成两个新个体。例如：

个体 A：1 0↑0 1 0 1↑1 1→1 0 1 1 1 0 1 1　个体 A'

个体 B：0 0↑1 1 1 0↑0 0→0 0 0 1 0 1 0 0　个体 B'

若个体长为 l，则对于两点交叉来说，可能有 $\frac{1}{2}(l-1)(l-2)$ 种交叉点的设置。

3）一致交叉（Uniform Crossover）。一致交叉是通过设定屏蔽字（mask）来决定新个体的基因继承两个旧个体中哪个个体的对应基因。当屏蔽字中的某位为 1 时，则交叉该位所对应的父本的基因，否则不交换。下面给出一个一致交叉的例子：

个体 A：1 0 0 1 0 1 1 1→1 0 1 1 1 0 1 0　个体 A'

个体 B：0 0 1 1 1 0 0 0→0 0 0 1 0 1 0 1　个体 B'

屏蔽字：0 0 1 0 1 1 0 1

（3）变异算子。变异算子的作用是改变群体中个体串的某些基因座上的基因值。对于由字符串 {0，1} 生成的二进制编码串来说，变异操作就是将基因座上的基因值取反，即 1→0 或 0→1。变异算子操作的步骤为：首先在群体中所有个体的编码串范围内随机地确定基因座，然后按预先设定的变异概率 P_m 对这些基因座的基因值进行变异。下面介绍几个常用的变异算子。

1）基本变异算子。执行基本变异操作时，首先在个体编码串中随机挑选一个或多个基因座，然后以概率 P_m 对这些基因座的基因值进行变异。{0，1} 二进制编码串中基本变异操作的一个例子如下：

个体 A：1 0 0 1 1 1 1 0→1 0 1 1 1 1 0 0　个体 A'

2）逆转算子。逆转算子的基本操作是，在个体编码串中随机挑选两个逆转点，然后将两个逆转点间的基因值以概率 P_i 逆向排序。$\{0,1\}$ 二进制编码串的逆转操作举例如下：

个体 A：1 0 1 1 0 1 0 0 0 → 1 0 0 1 0 1 1 0 0　个体 A'

在此例中，通过逆转操作，个体 A 中基因座 3～基因座 7 之间的基因排列得到逆转，即从序列 11010 变成 01011。

逆转操作可以等效为一种变异操作，但其真正目的在于实现一种重新排序（Reordering）。在自然界生物的基因重组中就有这种机制。同时又不希望这种重新排序影响个体的性能，即适应度。为此，必须把基因值的意义与基因座的位置独立开来，以保证经过重新排序的个体的适应度不变。例如，可采用如下个体扩展表示法：

编号：　1 2 3 4 5 6 7 8 9　　1 2 7 6 5 4 3 8 9

个体 A：1 0 1 1 0 1 0 0 0 → 1 0 0 1 0 1 1 0 0　个体 A'

在本例中，每个基因都用整数 1～9 编号。这些编号标明了各个基因的解码含义。例如，基因 6 的解码含义是 8。经过逆转操作后，基因 6 虽然被移动，但它的解码含义仅与其编号有关，而与基因座位置无关，所以它的解码含义仍为 8（而不是 32）。这样对经过扩展表示的个体 A 执行逆转操作后，生成的个体 A' 的基因被重新排列，但其适应度仍然与原个体保持一致。

3）自适应变异算子。自适应变异算子与基本变异算子的不同之处在于：其变异概率 P_m 不像基本变异算子那样始终保持不变，而是随群体中个体的多样性程度的改变或其他指标的变化而适当调整。这些参照指标可以根据具体问题设定，例如，可以把交叉操作所得两个新个体的 Hamming 距离作为参照指标，Hamming 距离越小，P_m 越大，反之 P_m 越小。

在遗传算法中，交叉算子因其全局搜索能力强作为主要算子，变异算子因其局部搜索能力强作为辅助算子。遗传算法通过交叉和变异这对既相互配合又相互竞争的操作而使其兼具全局和局部的均衡搜索能力。当群体在进化中陷于搜索空间的某个超平面，而仅靠交叉无法摆脱时，通过变异操作可有助于摆脱该超平面。

3.3.4　基于遗传算法的控制器参数优化

【例 3-2】　对于例 3-1 所示的系统，应用遗传算法优化控制器参数 δ_1、T_{i1}、δ_2 和 T_{i2}。

解　采用二进制编码方式，用 4 个长度为 10 的二进制编码串分别表示 4 个决策变量 δ_1、T_{i1}、δ_2 和 T_{i2} 的值。然后将这 4 个二进制编码串按 δ_1、T_{i1}、δ_2 和 T_{i2} 的顺序排列成一组基因。控制器的参数取值范围与例 3-1 相同。遗传算法中实验的种群规模 PopSize = 60。选择操作采用的是轮盘赌的方式，交叉操作采用单点交叉的方式，交叉概率 $P_c = 0.60$；变异操作的概率 $P_m = 0.002$，遗传代数 MaxGen = 40。计算目标函数子程序仍为 Object_s.m。

实验中发现，对于参数取值范围较大的控制器参数优化问题，在进化初期，个体之间的差异非常大，往往会出现一些超强个体，其适应度的值要远远高于其他个体。当采用轮盘赌方式选择策略时，这些超强个体会因其超强的适应度而控制选择过程，进而导致早熟现象。为避免这一现象的出现，本例中对适应度函数进行了尺度变换，所采用的是式（3-24）和式（3-27）所描述的线性尺度变换方式。

经过 40 代进化后，所得的优化结果如图 3-6 所示。

由于在遗传算法中各个算子都是随机操作的，因此，每次运行程序时，会得到不同的运行结果，通过多次运行选择一组较好的参数即可。

扫描二维码 3-4 获取遗传算法寻优主程序（O_GA_main. m 或者 O_GA_main. py）。

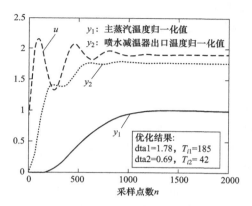

图 3-6　用遗传算法优化后系统的单位阶跃响应曲线

3.4　蚁群优化算法

受自然界中真实蚁群集体行为的启发，意大利学者多里戈（M. Dorigo）于 1991 年在法国巴黎召开的第一届欧洲人工生命会议上最早提出了蚁群算法的基本模型。1992 年，M. Dorigo 又在其博士论文中进一步阐述了蚁群算法的核心思想。

Dorigo 等人充分利用了蚁群搜索食物的过程与著名的旅行商问题（TSP）之间的相似性，吸取了昆虫王国中蚂蚁的行为特性，通过人工模拟蚂蚁搜索食物的过程，即通过个体之间的信息交流与相互协作最终找到从蚁穴到食物源的最短路径，有效地解决了 TSP。

自从在 TSP 等离散型组合优化问题上取得成效以来，蚁群算法已陆续渗透到其他问题领域中，如二次分配问题、车间作业调度问题、网络路由选择、车辆调度问题、机器人视线规划等，都表现出良好的性能，显示出强大的生命力和发展潜力。较强的鲁棒性、寻径过程的并行性以及易于与其他启发算法结合的优越性，使得蚁群算法吸引了越来越多研究者的注意，不断对其进行更深入的研究。但对蚁群算法的研究才刚刚起步，尚未形成系统的分析方法，也不具备坚实的数学基础，并且缺乏理论的支持，有许多问题仍有待于进一步的研究，如算法的收敛性、理论依据等。随着研究的深入，相信蚁群算法也将同其他启发式算法一样，会获得越来越多的应用。

3.4.1　蚁群算法的基本原理

1. 真实蚂蚁的集体行为

生物学家研究发现，蚂蚁在觅食过程中会留下一种分泌物，即信息素（Pheromone）。蚂蚁根据路径上的信息素浓度进行路径选择，同时会在所经过的路径上释放信息素，信息素的浓度随时间慢慢挥发，因此相同时间内，从巢穴到食物源所走的路径越短，信息素残留的浓度越高，再次被蚂蚁选中的概率越大。蚁群的集体行为构成了一种学习信息的正反馈机制，蚂蚁之间通过这种信息交流寻求通向食物的最短路径。蚁群算法正是模拟了这样的优化机制，即通过个体之间的信息交流与相互协作最终找到最优解。蚁群优化算法包含两个基本阶段：适应阶段和协作阶段。在适应阶段，各候选解根据积累的信息不断调整自身结构；在协作阶段，候选解之间通过信息交流，以期望产生性能更好的解。

下面简单阐述真实蚂蚁觅食的行为，并以此机制为基础提出基本蚁群算法的模型。这将有助于理解人工蚂蚁的产生机理，也有助于理解算法的机制。蚁群算法的主要生物性特征如下。

（1）自组织。自组织是描述蚂蚁群体中所观察到的微观模式，是微观角度的相互作用和过程。蚂蚁作为社会性昆虫，自组织是指每个蚂蚁具有自我行为的能力。整个组织中没有监视者，无须组织协调每个蚂蚁的行为，就能使整个蚁群的行为井然有序。通过简单个体之间的相互作用，就能获得复杂的智能行为。

蚂蚁群体通过众多的简单个体之间的相互作用，能够适应环境的改变。在一个或者几个蚂蚁个体停止工作时，仍然能够保持整个系统的正常功能，具有很好的抗干扰能力。在社会性昆虫环境中，自组织依赖于以下机理。

正反馈：正反馈是指蚂蚁在解决问题时能够收敛到好方案的一种机制。在觅食行为中，正反馈是蚂蚁找到从蚁穴到食物源的一条最短路径。蚂蚁在所发现的食物源与蚁穴之间移动时，沿途释放一种挥发性的信息素。因为蚂蚁能够感知到释放的信息素，并依赖本能跟随其他蚂蚁所释放的信息素前进。这些蚂蚁在同一条路径上再次释放信息素，进一步加强了已经存在的信息素浓度。这种方式提高了其他蚂蚁沿此路径前进的概率，因此产生正反馈机制。

负反馈：负反馈是抵消正反馈作用的一种机制，是蚂蚁释放的信息素自然挥发的过程。在蚁群算法中，负反馈机制就是指信息素的挥发，使得蚂蚁能够及时离开效果差的方案而搜索其他更好的路径。负反馈机制需要蚂蚁在前进过程中连续不断地释放信息素，才能保持路径上的信息素浓度，否则在路径上信息素挥发完后，将导致路径消失。

随机性：自组织能力依赖于随机性，是发现新路径的一种关键性因素。通过随机性不仅构造解，而且发现新的解，因此随机性具有关键性作用。若一个蚂蚁迷失方向，没有沿原路径前进，或许就会发现一个更好、更接近于蚂蚁穴的食物源，或者一条到食物源的更理想路径。

（2）间接通信。间接通信主要是指蚂蚁系统中个体之间的相互作用，通过影响环境，以一种间接、异步的方式在蚂蚁之间相互交流消息，并对环境的变化做出反应，而不需要在同一时间、同一地点与其他蚂蚁进行消息交流。

蚁群里的个体在前进的过程中沿途释放信息素，其他蚂蚁能够感知这种信息素并能跟随信息素前进，这就构成一种间接、异步的通信模式。一个蚂蚁能够与曾经到过此路径的蚂蚁进行信息交流，并进一步吸引其他蚂蚁沿此路径前进，形成一种正反馈机制。

综上所述，通过蚂蚁之间的间接通信，利用正反馈机制，蚁群就能发现蚁穴到食物源之间的最短路径。初始阶段，蚂蚁以相同概率随机漫游，在某一时刻，蚂蚁发现了食物源并沿原路返回蚁穴，这就加强了路径上的信息素浓度，从而吸引更多的蚂蚁沿此路径前进。这种正反馈机制最终确保了几乎所有的蚂蚁沿同一路径前进，形成了从蚁穴到食物源的路径。

2. 人工蚂蚁的集体行为

在蚁群优化算法中，一个有限规模的人工蚂蚁群体可以相互协作地搜索用于解决优化问题的较优解。每只蚂蚁根据问题所给出的准则，从被选的初始状态出发建立一个可行解，或是解的一个组成部分。在建立问题的解决方案时，每只蚂蚁都收集关于问题特征（例如 TSP 中路径的长度）和自身行为规则（例如蚂蚁倾向于沿着信息素浓度高的路径移动）的信息。蚂蚁既能共同行动，又能独立工作，显示了一种相互协作的能力。它们不使用直接通信，而是用信息素指引着蚂蚁之间的信息交换。人工蚂蚁使用一种结构上的贪婪启发法搜索可行解，每只蚂蚁都能够找出一个解，但很可能是较差解。蚁群中的所有个体同时建立了很多不同的解决方案，找出高质量的解是群体中所有个体之间相互协作的结果。

人工蚂蚁并不试图完全地模拟真实蚂蚁的行为，它们具有真实蚂蚁所没有的能力，例如，人工蚂蚁具有记忆它们所经历路径的能力。

蚂蚁的记忆功能是指能够存储关于蚂蚁过去的信息，便于携带有用的信息用于计算所生成方案的优劣度，为控制解决方案的可行性奠定了基础。在一些组合优化问题中，利用蚂蚁的记忆功能可以避免将蚂蚁引入不可行的状态。例如在 TSP 中，利用蚂蚁的记忆可以记录蚂蚁已经走过的城市，并将它们置于一个禁忌表中，禁止蚂蚁重复经过这些城市，进而能够满足 TSP 的约束条件，从而有效地避免了将蚂蚁引入不满足 TSP 约束条件的状态。因此，蚂蚁可以仅仅使用关于局部状态的信息和可行状态行为的信息，就能建立可行的解决方案。

在基本蚁群算法中，人工蚂蚁的行为可以描述为：人工蚂蚁相互协作在所求问题的解空间中搜索可行解，这些人工蚂蚁按照人工信息素浓度的大小和基于问题的启发式信息，在问题空间移动以构造问题的可行解。在此，信息素类似于一种分布式的长期记忆，这种记忆不是局部地存在于单个的人工蚂蚁中，而是全局地分布于整个问题的解空间中。当人工蚂蚁在问题空间中移动时，它们在经过的路径上留下信息素，这些信息素反映了人工蚂蚁在问题空间觅食（即解的构造）过程中的经历。人工蚂蚁在解空间中逐步移动从而构造问题解，同时，它们根据解的质量在其路径上留下相应浓度的信息素。蚁群中的其他蚂蚁倾向于沿着信息素浓度大的路径前进，同样蚂蚁在这些路径上留下自己的信息素，这就形成一种正反馈形式的强化学习机制，这种正反馈机制将指引蚁群找到高质量的问题解。

除人工蚂蚁的觅食行为外，蚁群优化算法还包括另外一种机制，即信息素挥发。遗忘（Forgetting）是一种高级的智能行为，作为遗忘的一种形式，路径上的信息素随着时间不断挥发，将驱使人工蚂蚁搜索解空间中新的领域，从而避免求解过程过早地收敛于局部最优解。

蚁群算法必须具有运行终止标准，即所求的解达到预定的条件后，算法停止继续求解。

3.4.2　基本蚁群算法模型

蚁群算法提出的初期用于解决 TSP。TSP 是数学领域中著名问题之一。它假设一个旅行商人要拜访 n 个城市，他必须选择所要走的路径，路径的限制是每个城市只能拜访一次，而且最后要回到原来出发的城市。路径的选择目标是要求路径的路程为所有路径之中的最小值。

为了便于理解，以 TSP 为例说明蚁群算法的基本模型，对于其他问题，可以对此模型稍作修改，便可应用。

首先引入以下符号：m 为蚁群中蚂蚁的总数目；n 为 TSP 规模（即城市数目）；d_{ij} 为城市 i 和城市 j 之间的距离 $(i, j = 1, 2, 3, \cdots, n)$，若城市 i 的坐标为 (x_i, y_i)，则城市 i 到 j 的距离 $d_{ij} = \sqrt{(x_i - x_j)^2 - (y_i - y_j)^2}$；$b_i(t)$ 为 t 时刻位于城市 i 的蚂蚁数；η_{ij} 为 t 时刻蚂蚁从城市 i 转移到城市 j 的期望度，为启发式因子，在 TSP 中 $\eta_{ij} = 1/d_{ij}$，称为能见度；$\tau_{ij}(t)$ 为 t 时刻蚂蚁在城市 i 和城市 j 之间路径上的信息素量，在算法的初始时刻，将 m 只蚂蚁随机放在 n 个城市，并设各条路径上的信息素量 $\tau_{ij}(t) = c$（c 为常数）；$P_{ij}^k(t)$ 为 t 时刻蚂蚁 k 从城市 i 转移到城市 j 的概率。位于城市 i 的蚂蚁 k（$k = 1, 2, 3, \cdots m$）选择路径时按概率 $P_{ij}^k(t)$ 决定转移方向，即

$$P_{ij}^k(t) = \begin{cases} \dfrac{\tau_{ij}^\alpha(t)\eta_{ij}^\beta}{\sum\limits_{j \in \text{allowed}(k)} \tau_{ij}^\alpha(t)\eta_{ij}^\beta(t)} & j \in \text{allowed}(k) \\ 0 & \text{otherwise} \end{cases} \tag{3-38}$$

式中：α 和 β 分别为路径上的信息素量和启发式因子的重要程度；allowed (k) 为蚂蚁 k 下一步允许选择的城市。

蚂蚁每经过一个城市，就将其放入禁忌表（Tabulist）中。人工蚂蚁的这种记忆功能是实际蚂蚁所不具备的。

为了避免残留信息素过多而引起启发信息被淹没，在每只蚂蚁走完一步或者完成对 n 个城市的遍历后，要对各条路径上的信息素进行调整，即

$$\tau_{ij}(t+n) = \rho\tau_{ij}(t) + \Delta\tau_{ij}(t) \tag{3-39}$$

$$\Delta\tau_{ij}(t) = \sum_{k=1}^m \Delta\tau_{ij}^k(t) \tag{3-40}$$

式中：ρ 为信息素残留系数，为了防止信息的无限积累，ρ 的取值范围应在 $0\sim1$ 之间；$\Delta\tau_{ij}(t)$ 为在本次循环后留在路径 (i, j) 上的信息素增量；$\Delta\tau_{ij}^k(t)$ 为第 k 只蚂蚁在本次循环中留在路径 (i, j) 上的信息素增量。

根据信息素更新策略的不同，M. Dorigo 给出三种不同的实现方法，分别为 Ant-Cycle 模型、Ant-Quantity 模型及 Ant-Density 模型，其差别就在于 $\Delta\tau_{ij}^k(t)$ 的求法不同。

在 Ant-Cycle 模型中

$$\Delta\tau_{ij}^k(t) = \begin{cases} \dfrac{Q}{L_k} & \text{若第 } k \text{ 只蚂蚁在 } t \text{ 到 } t+1 \text{ 时刻经过路径}(i,j) \\ 0 & \text{其他} \end{cases} \tag{3-41}$$

在 Ant-Quantity 模型中

$$\Delta\tau_{ij}^k(t) = \begin{cases} \dfrac{Q}{d_{ij}} & \text{若第 } k \text{ 只蚂蚁在 } t \text{ 到 } t+1 \text{ 时刻经过路径}(i,j) \\ 0 & \text{其他} \end{cases} \tag{3-42}$$

在 Ant-Density 模型中

$$\Delta\tau_{ij}^k(t) = \begin{cases} Q & \text{若第 } k \text{ 只蚂蚁在 } t \text{ 到 } t+1 \text{ 时刻经过路径}(i,j) \\ 0 & \text{其他} \end{cases} \tag{3-43}$$

式中：Q 为信息素浓度，它在一定程度上影响算法的收敛速度；L_k 为第 k 只蚂蚁在本次循环中所走过的路径长度。

三者的区别是：式（3-42）、式（3-43）利用的是整体信息，即蚂蚁完成一次周游后，更新所有路径上的信息素；而式（3-41）利用的是局部信息，即蚂蚁每走一步都要进行信息素的更新。因为在求解 TSP 时，式（3-41）的性能较好，所以通常将式（3-41）作为蚁群算法的基本模型。

基本蚁群算法解决 TSP 时的运行过程如下：m 只蚂蚁同时从某城市出发，根据（3-38）的状态转移概率公式选择下一个旅行的城市。每到达一个城市后，将其放入禁忌表中。一次遍历完成后，由式（3-39）更新各条路径上的信息素量，反复执行上述过程，直至终止条件成立。算法的流程如图 3-7 所示。

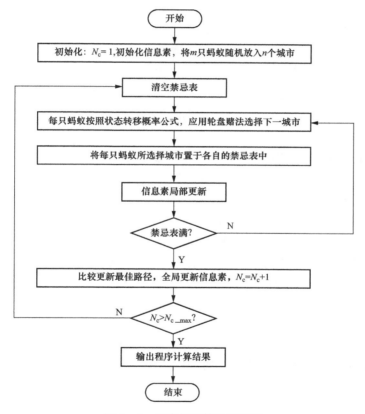

图 3-7　基本蚁群算法流程图

3.4.3　基于蚁群算法的 PID 控制器参数优化

蚁群算法的提出主要用于解决 TSP，在解决离散域的组合优化问题中有较好表现。经过近些年的发展和不断深入研究，蚁群算法在解决连续域函数优化问题时也取得了较好的成果。在控制系统参数优化方面，很多学者提出了不同的方法，成功地将蚁群算法运用到 PID 控制器参数优化中，并且取得了较好的控制效果。其中比较典型的方法有：将离散域中的"信息量存留"的过程拓展为连续域中的"信息分布函数",运用网格划分将解空间离散化;或将每个解分量的可能值组成一个动态的候选组,并记录每个候选组的信息量等。

本书中采用的是一种更接近基本蚁群算法的方法,将 PID 控制参数优化问题转换成 TSP。所不同的是,蚂蚁的每次遍历均按照固定的顺序走完所有城市。下面介绍具体方法。

1. 编码规则

在求解连续空间优化问题时,首先定义一个有向多重图,如图 3-8 所示。其城市节点集合为 $\{C_1, C_2, \cdots, C_s\}$。其中 C_1 为起始节点,终点未记录在内。每个城市只与相邻城市之间有路径相连,且每两相邻城市之间存在 10 条可选的路径,分别标以数值 1,2,…,10。蚂蚁从起始节点 C_1 出发,只能向前做单向运动,不会重复经历任何城市,因此无须设置禁忌表。

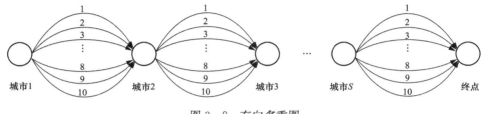

图 3-8 有向多重图

若连续空间优化问题的维数为 N,则城市个数 S 定义为 N 的整数倍,即

$$S = LN \tag{3-44}$$

式中:L 为整数,表示单变量的编码长度。L 对应于问题的求解精度,L 越大,则精度越高。

每只蚂蚁从起点开始,依次遍历全部城市并到达终点后,即得到一个问题的解 $X = \{x_i \mid i = 1, 2, \cdots, N\}$。按照遍历的先后顺序,蚂蚁每经过 L 个城市,即对应解中的一个变量 x_i。设第 k 只蚂蚁的某次遍历所形成的轨迹为:$\{p_{k1}, p_{k2}, \cdots, p_{ks}\}$,则该蚂蚁的遍历过程所对应的解可由下式计算

$$e_i = \sum_{m=1}^{L} \frac{p_{kj}-1}{10^m} \quad j = (i-1)L + m \tag{3-45}$$

$$x_i = (x_{iH} - x_{iL})e_i + x_{iL} \qquad i = 1,2,\cdots,N$$

式中:p_{kj} 为蚂蚁 k 从第 j 个城市出发时所选择路径的编号,取值在 0~10 之间;e_i 为变量 x_i 的归一化数值;x_{iH} 和 x_{iL} 分别为变量 x_i 取值范围的上下限。

2. 优化过程

首先将各条路径上的信息素用相同的数值初始化,随后令各只蚂蚁由同一起点开始逐次进行遍历活动。与 TSP 类似,蚂蚁按照状态转移概率公式选择由每座城市出发所采取的路径。对于第 t 次遍历,设蚂蚁 k 从城市 i 移动到下一城市选择第 j 条路径的概率 $P_{ij}^k(t)$,其值计算式为

$$P_{ij}^k(t) = \frac{\tau_{ij}(t)}{\sum_{p=1}^{10} \tau_{ip}(t)} \tag{3-46}$$

一次遍历结束后,对每只蚂蚁所走过的路径进行评价。首先利用式(3-40)求得对应

的解，并求取相应的目标函数。然后记录下到目前为止的最佳路径。接下来对各只蚂蚁所经路径上的信息素进行更新，计算式为

$$\tau_{ij}^k(t+1) = \rho_1 \tau_{ij}^k(t) + \Delta\tau_{ij}^k(t) \tag{3-47}$$

其中，$\Delta\tau_{ij}^k(t)$ 计算式为

$$\Delta\tau_{ij}^k(t) = \begin{cases} \dfrac{Q}{Q_k} & \text{若第 } k \text{ 只蚂蚁在 } t \text{ 到 } t+1 \text{ 时刻经过路径}(i,j) \\ 0 & \text{其他} \end{cases} \tag{3-48}$$

为了加强最佳路径对蚂蚁行为的影响，采用下式对其信息素进行强化

$$\tau_{ij}^k(t+1) = \rho_2 \tau_{ij}^k(t) + \Delta\tau_{ij}^k(t)$$

$$\Delta\tau_{ij}^k(t) = \begin{cases} \dfrac{Q}{Q_{\text{best}}} & \text{若第 } k \text{ 只蚂蚁在 } t \text{ 到 } t+1 \text{ 时刻经过路径}(i,j) \\ 0 & \text{其他} \end{cases} \tag{3-49}$$

信息素更新完成后，进入下一次遍历，直到达到最大遍历次数 NC 为止。最后，输出在历次遍历过程中所选出的最佳路径所对应的解和仿真曲线。

【例 3-3】 对于例 3-1 所示的系统，应用蚁群算法优化控制器参数 δ_1、T_{i1}、δ_2 和 T_{i2}。

解 优化变量 $N=4$，选择城市个数 CITY$=24$，所以每 6 位代表一个参数；蚂蚁个数 AntSize$=40$；信息素挥发率 $\rho=0.8$，以加快蚂蚁发现新路径的速度，尽快地收敛于最优解。计算目标函数子程序仍为 Object_s.m。经 NC$=25$ 次遍历后，得到最优参数如图 3-9 所示。

扫描二维码 3-5 获取蚁群优化算法主程序源代码（O_Ant_main.m 或者 O_Ant_main.py）。

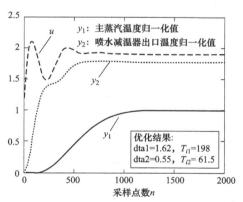

图 3-9 用蚁群算法优化后系统的单位阶跃响应曲线

与遗传算法一样，蚁群算法中也含有随机操作，因此每次运行程序时，会得到不同的运行结果，通过多次运行选择一组较好的参数即可。

3.5 粒子群优化算法

粒子群优化（Particle Swarm Optimization，PSO）算法是由 James Kennedy 和 Russell

Eberhart 提出的一种仿生优化计算方法，它的设计思想主要来源于对鸟群觅食过程中的迁移和聚集的模拟。PSO 算法作为智能优化与进化计算领域的一种群体智能算法，采用了基于种群的全局搜索策略和简单的速度 - 位移模式，相对于遗传算法，避免了复杂的编码和遗传操作，使其便于实现，计算速度快，调整参数少，因此得到了广泛的关注和研究。

粒子群算法是一种较好的全局优化算法，它主要用来优化复杂的非线性函数，稍加修改，也可以用来解决组合优化问题。PSO 算法简单，不用像遗传算法那样对每一个特定的问题设计相应的编码方案，且在计算机上很容易实现。与遗传算法和蚁群算法类似，粒子群算法也不需要待优化函数可导、可微，甚至不要求知道待优化函数的具体表达式，只要通过编程得出待优化函数值（适应度），此方法就是适用的。

粒子群算法是通过对某种群体搜索现象的简化模拟而设计的，就目前来说，它的数学理论基础还比较薄弱，缺乏严格意义上的数学证明，因此 PSO 算法缺乏可信性，它不一定能够保证所得解的可行性和最优性，甚至在很多情况下无法阐述其与最优解的近似程度。所以，它还是一种发展中的优化算法，是针对不同的问题不断改进中的优化算法。

3.5.1　粒子群算法原理

1. PSO 基本思想

PSO 的基本思想是将每一个优化问题的解都看成是搜索空间中的粒子，所有的粒子都有一个被优化的函数决定的适应值（Fitness Value），每个粒子还有一个速度向量决定它们飞翔的方向和距离，然后粒子们就追随当前的最优粒子在解空间中进行搜索。PSO 首先初始化一群随机粒子（初始速度、位移及其决定的适应值都随机化），然后通过迭代搜索最优解。在每一次迭代中，粒子通过跟踪两个最优值来更新自己：第一个就是粒子本身目前所找到的最优解 $X_{\text{best}i}$，即个体最优值，每个粒子都具有记忆能力，$X_{\text{best}i}$ 是它们记住的各自曾经达到的最好位置；另一个最优值是整个种群目前找到的最优解 $X_{\text{best}g}$，即全局最优值，其中假设群体之间存在着某种通信方式，每个粒子都能够记住目前为止整个群体的最好位置。

下面以求某一函数 $Q(X)$ 的极小值为例，介绍基本粒子群算法的实现方法。

假设在一个 n 维的目标搜索空间中 [n 维相当于 $Q(X)$ 中未知因子的个数，也就是优化参数个数]，有 m 个粒子组成的一个群体（即 m 组可能解），其中第 i 个粒子的位置表示为向量 $X_i = (x_{i1}, x_{i2}, \cdots, x_{in})$，$i = 1, 2, \cdots, m$；其速度也是一个 n 维的向量，记为 $V_i = (v_{i1}, v_{i2}, \cdots, v_{in})$。随机产生一组 X_i，作为第一代初始种群，将 X_i 代入目标函数 $Q(X_i)$ 就可以计算出其适应值，根据适应值的大小衡量 X_i 的优劣。对于最小化问题，目标函数值越小，对应的适应值越好。设粒子 i 迄今为止经历的最优位置记为 $X_{\text{best}i} = (X_{\text{best}i1}, X_{\text{best}i2}, \cdots, X_{\text{best}in})$，相应的适应值记为 $Q_{\text{best}i}$，则粒子 i 的当前最好位置由式（3 - 50）确定。

$$X_{\text{best}i}(t+1) = \begin{cases} X_{\text{best}i}(t) & Q[X_i(t+1)] > QV_{\text{best}i} \\ X_i(t+1) & Q[X_i(t+1)] \leqslant QV_{\text{best}i} \end{cases} \qquad (3 - 50)$$

寻优过程中粒子群经历的最优位置记为 $X_{\text{best}g} = (X_{\text{best}g1}, X_{\text{best}g2}, \cdots, X_{\text{best}gn})$，其对应的适应值即全局最优解记为 $Q_{\text{best}g}$。则粒子更新自己的速度计算式为

$$v_{ij}(t+1) = \omega v_{ij}(t) + c_1 r_1 [X_{\text{best}ij} - x_{ij}(t)] + c_2 r_2 [X_{\text{best}gj} - x_{ij}(t)] \qquad (3 - 51)$$

式中：$i=1$，2，$\cdots$，m；$j=1$，2，$\cdots$，n；t 表示第 t 代。

在速度更新时，不应该超出给定的速度范围，即要求 $V_i \in [-V_{\max}, V_{\max}]$，单步前进的最大值 $V_{\max}$ 根据粒子的取值区间长度确定。

然后按式（3-52）来更新位置向量

$$x_{ij}(t+1)=x_{ij}(t)+v_{ij}(t+1) \tag{3-52}$$

式中的变量意义同前。根据实际问题确定粒子的取值范围 $x_{ij} \in [x_{ij\min}, x_{ij\max}]$。

粒子位置更新示意图如图 3-10 所示。

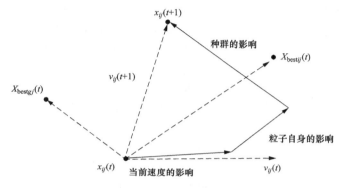

图 3-10 粒子位置更新示意图

这样逐代执行下去直至达到要求，取得极值。

对公式中一些符号意义作用的几点说明：①ω 是惯性因子；②c_1 表示认知因子，c_2 表示社会因子，它们分别代表向自身极值和全局极值推进的加速权值，实验结果确定一般取 $c_1=c_2=2$ 比较好，但实际上加速权值是可以变化的，而且如何变化将直接影响寻优过程；③r_1、r_2 是 0~1 之间的随机变量。

2. 粒子群算法的收敛性分析

根据粒子群算法的迭代式（3-46）可以看出，除了 $X_{\text{best}i}$ 和 $X_{\text{best}g}$ 对搜索空间的各个粒子有影响之外，各个维度的粒子更新相对独立。以单个粒子为例，其速度更新公式存在如下关系

$$v_{ij}(t+2)+(\phi-1-\omega)v_{ij}(t+1)+\omega v_{ij}(t)=0 \tag{3-53}$$

式中：$\phi=c_1r_1+c_2r_2$，上式是可以变为经典的二阶微分方程，可以用常规方法进行求解。

标准 PSO 迭代方程的矩阵形式为

$$y(t+1)=\boldsymbol{A}y(t)+\boldsymbol{B}p \tag{3-54}$$

式中：$y(t)=\begin{bmatrix} x(t) \\ v(t) \end{bmatrix}$；$\boldsymbol{A}=\begin{bmatrix} 1-\phi\omega \\ -\phi\omega \end{bmatrix}$；$\boldsymbol{B}=\begin{bmatrix} \varphi \\ \varphi \end{bmatrix}$。

根据线下离散时间系统稳定判据，粒子的状态决定于矩阵 $\boldsymbol{A}$ 特征值。

矩阵 $\boldsymbol{A}$ 的特征值为下面方程的解

$$s^2-(\omega+1-\phi)s+\omega=0 \tag{3-55}$$

显然，PS 算法中的可调整参数 ω、c_1、c_2、r_1 和 r_2 的取值会影响粒子的收敛性，一旦取值不合理，会使粒子发散；同时，PSO 算法中可以通过限制速度的范围来限定粒子的运

动轨迹。

3. PSO 算法流程

基本 PSO 算法流程如图 3-11 所示。

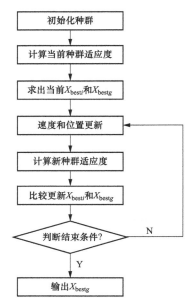

图 3-11　基本 PSO 流程图

（1）初始化种群，包括定义初始种群（速度-位移模型以及种群大小等）、进化代数，还有一些修正改进算法中可能用到的常量。

（2）计算初始种群各个粒子的适应度。

（3）求出当前的 $X_{\text{best}i}$ 和 $X_{\text{best}g}$。

（4）进行速度和位置的更新。

（5）计算新种群中粒子适应度。

（6）比较 $X_{\text{best}i}$ 和 $X_{\text{best}g}$，若优越，则替换。

（7）判断算法结束条件（包括精度要求和进化代数要求）。满足则跳出循环，不满足则跳转到步骤（4）继续执行。

3.5.2　标准粒子群算法

标准粒子群算法是指带惯性权重的 PSO，它是对基本粒子群算法最早的一种改进，这种改进启发其他研究者更加深入地研究粒子群优化机制和其他更加有效的方法。

标准 PSO 主要是在速度式（3-51）中引入了惯性权重 ω，即

$$v_{ij}(t+1)=\omega v_{ij}(t)+c_1 r_1[X_{\text{best}ij}-x_{ij}(t)]+c_2 r_2[X_{\text{best}gj}-x_{ij}(t)] \quad (3-56)$$

惯性权重 ω 是为了平衡全局搜索和局部搜索而引入的，惯性权重代表了原来速度在下一次迭代中所占的比例。ω 较大时，前一速度的影响较大，全局搜索能力较强；ω 较小时，前一速度的影响较小，局部搜索能力较强。合适的 ω 值在搜索速度和搜索精度方面起着协调作用。因此，一般采用惯性权重递减策略，即在算法的初期取较大的惯性权重 ω 以对整个问题空间进行有效的搜索，算法进行后期取惯性权重 ω 较小以有利于算法的收敛。惯性权重递减公式为

$$\omega=\omega_{\max}-\frac{\omega_{\max}-\omega_{\min}}{T_{\max}}t \quad (3-57)$$

式中：$\omega_{\max}$ 和 $\omega_{\min}$ 分别为 ω 的最大、最小值；ω 的取值范围在 $[0，1.4]$ 时比较合适，但通常取在范围 $[0.8，1.2]$；$T_{\max}$、t 分别为最大的迭代数和当前的迭代数。

另外，Clerc 提出的收缩因子法，也是一种标准的 PSO 算法。该方法将基本的速度式（3-51）改为

$$v_{ij}(t+1)=\gamma\{v_{ij}(t)+c_1 r_1[p_{ij}-x_{ij}(t)]+c_2 r_2[p_{gj}-x_{ij}(t)]\} \quad (3-58)$$

其中

$$\gamma=\frac{2}{\left|2-\varphi-\sqrt{\varphi^2-4\varphi}\right|} \quad (3-59)$$

$\varphi=c_1+c_2$，$\varphi>4$。通常情况下取 $c_1=c_2=2.05$，$\varphi=4.1$，此时 $\gamma=0.7298$。实验结果

表明两种方法差不多，收缩因子很有效率，但是在有些情况下无法得到全局极值点。

3.5.3　应用实例

【例 3-4】　对于例 3-1 所示的系统，应用粒子群算法优化控制器参数 δ_1、T_{i1}、δ_2 和 T_{i2}。

解　优化变量 $N=4$，选择粒子个数 $m=80$，计算目标函数子程序仍为 Object_s.m。经过 $t=100$ 次迭代后，得到最优参数如图 3-12 所示。

扫描二维码 3-6 获取粒子群优化算法主程序源代码（O_pso_main.m 或者 O_pso_main.py）。

在给出的 PSO 算法程序中，采用标准 PSO 算法，即选择式（3-56）作为速度公式；同时，惯性权重 ω 采用递减策略，即通过式（3-57）来决定 ω。

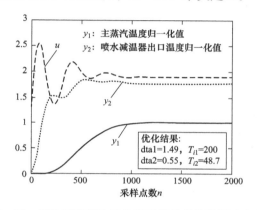

二维码 3-6

粒子群优化算法
主程序源代码

图 3-12　用粒子群算法优化后系统的单位阶跃响应曲线

与其他算法一样，PSO 算法中也含有随机操作，因此每次运行程序时，会得到不同的运行结果，通过多次运行选择一组较好的参数即可。

3.5.4　粒子群参数对优化结果的影响分析

PSO 参数是影响算法性能和效率的关键。例如标准粒子群需要调整的参数较多，包括种群规模，惯性权重 ω，收缩因子 γ，加速常数 c_1、c_2、r_1、r_2，最大速度限制，最大迭代代数等。下面通过实验分析不同的参数组合对优化效果的影响。

1. 惯性权重 ω 的影响

根据粒子群算法的计算公式，粒子的飞行速度决定了下一个时刻粒子的位置，等同于其他搜索方法中的步长，其取值大小会影响算法的全局收敛性。而速度计算公式中的惯性权重 ω 反映的是粒子当前速度对下一时刻速度的影响，使得粒子运动具有惯性，通过改变惯性权重 ω 的取值，可以扩展搜索空间，探索新的取值区域，也可以扩展局部搜索细度，提高局部搜索能力。惯性权重 ω 影响的是粒子的探测和开发能力。根据其特征，有研究建议惯性权重 ω 随迭代代数线性递减。

迭代前期，粒子保持较好的全局搜索能力；迭代后期，粒子保持较好的局部搜索能力。

针对前一个小节控制器参数的优化实例，采取不同权值及线性递减权值的优化结果如图 3-13 所示。

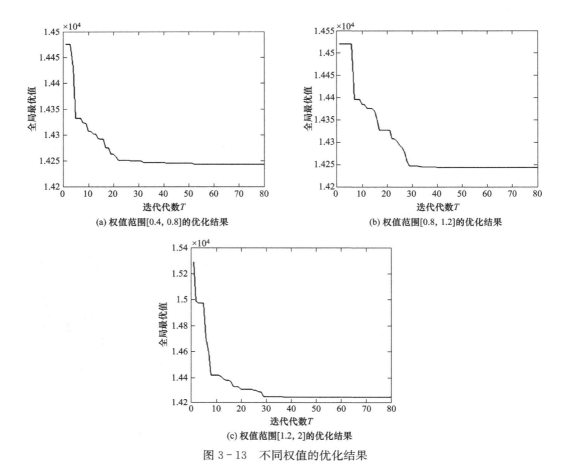

(a) 权值范围[0.4, 0.8]的优化结果　　　　　(b) 权值范围[0.8, 1.2]的优化结果

(c) 权值范围[1.2, 2]的优化结果

图 3-13　不同权值的优化结果

2. 种群规模的影响

粒子群算法的种群规模一般取值在 20～40 之间，针对待优化问题的复杂程度，可以选择不同的种群规模，并不是规模越大越好。种群规模越大，计算代价越大，但是对搜索效率的影响比较有限。

针对前一个小节控制器参数的优化实例，采取不同种群规模时的优化结果如图 3-14 所示。

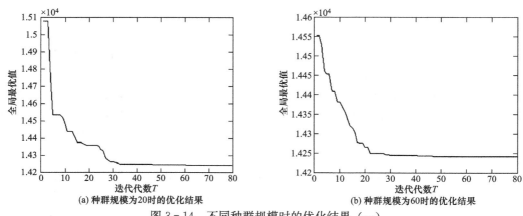

(a) 种群规模为20时的优化结果　　　　　(b) 种群规模为60时的优化结果

图 3-14　不同种群规模时的优化结果（一）

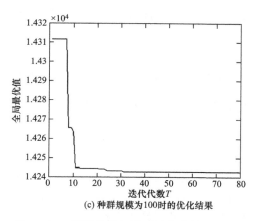

(c) 种群规模为100时的优化结果

图 3-14　不同种群规模时的优化结果（二）

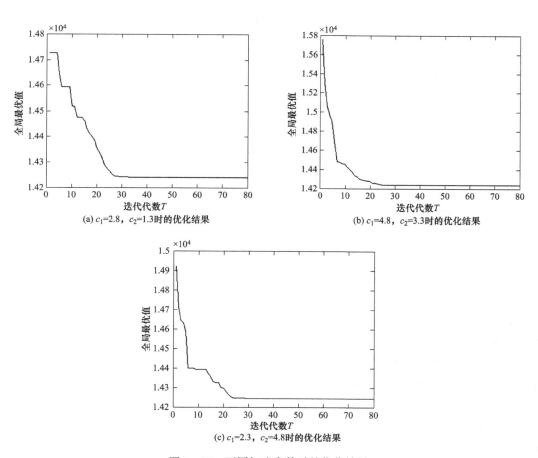

图 3-15　不同加速常数时的优化结果

3. 加速常数的影响

加速常数 c_1 和 c_2 分别代表了向自身极值和全局极值推进的加速权值。权值较小时，粒子在远离目标值的区域内搜索；权值较大时，粒子快速向目标值移动，但是由于惯性的存在，有可能会跨越目标值区域。早期的实验结果建议一般取 $c_1 = c_2 = 2$ 比较好，但是也有研究成果表明取不同的值较好，比如 $c_1 = 2.8$，$c_2 = 1.3$。实际上这些研究针对的是特定的问题和工程应用，并不适用于所有问题。

针对前一个小节控制器参数的优化实例，采取不同加速常数的优化结果如图 3 - 15 所示。

3.5.5　标准粒子群算法的改进——量子粒子群算法

通过前两节的介绍，标准粒子群算法存在需要调整参数多、多样性缺失、容易陷入局部最优解和不利于找到全局最优解的缺点。

针对标准 PSO 的缺点，有学者提出了量子粒子群算法。在量子空间中，粒子的速度和位置不能同时确定，可通过波函数描述粒子的状态，并通过薛定谔方程得到粒子在空间某一个点出现的概率密度函数。随后通过蒙特卡罗随机模拟的方法求出粒子的新位置，位置更新公式如下

$$x_{ij}(t+1) = \varphi_j(t) \cdot X_{\text{best}ij}(t) + [1 - \varphi_j(t)] \cdot X_{\text{best}gj}(t) \pm \alpha \, |C_j(t) - x_{ij}(t)| \cdot \ln [1/u_{ij}(t)] \tag{3-60}$$

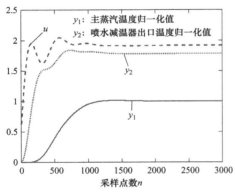

图 3 - 16　量子粒子群算法的优化结果

式中：$u_{ij}(t)$、$\varphi_j(t)$ 取值为 $[0, 1]$；$X_{\text{best}ij}(t)$ 为个体最好位置；$X_{\text{best}gj}(t)$ 为全局最好位置；$C_j(t)$ 为所有粒子最好位置的平均；α 为扩张/收缩因子。

量子粒子群算法与标准粒子群算法的最大区别在于：量子粒子群算法取消了速度更新公式，粒子位置的更新与该粒子之前的运动无关，这样就增加了粒子位置的随机性。

针对前一个小节控制器参数的优化实例，采取量子粒子群算法的优化结果如图 3 - 16 所示。

本 章 小 结

优化问题广泛地存在于信号处理、图像处理、生产调度、任务分配、模式识别、自动控制和机械设计等众多领域。优化方法是一种以数学为基础，用于求解各种优化问题的应用技术。实践证明，通过优化方法能够提高系统效率，降低能耗，合理地利用资源，并且随着处理对象规模的增加，这种效果也会更加明显。

传统的优化方法（如牛顿法、单纯形法等）需要遍历整个搜索空间，无法在短时间内完成搜索，且容易发生搜索的"组合爆炸"。例如，许多工程优化问题往往需要在复杂而庞大的搜索空间中寻找最优解或者准最优解。鉴于实际工程问题的复杂性、非线性、约束性以及建模困难等诸多特点，寻求高效的优化算法已成为相关学科的主要研究内容之一。

受到人类智能、生物群体社会性或自然现象规律的启发，人们发明了很多智能优化算法来解决上述复杂优化问题，主要包括：模仿自然界生物进化机制的遗传算法；通过群体

内个体间的合作与竞争优化搜索的差分进化算法；模拟生物免疫系统学习和认知功能的免疫算法；模拟蚂蚁集体寻径行为的蚁群算法；模拟鸟群和鱼群群体行为的粒子群算法；源于固体物质退火过程的模拟退火算法；模拟人类智力记忆过程的禁忌搜索算法；模拟动物神经网络行为特征的神经网络算法等。这些算法的共同点是都通过模拟或揭示某些自然界的现象和过程或生物群体的智能行为而得到发展；在优化领域称它们为智能优化算法，具有简单、通用、便于并行处理等特点。

本章介绍了遗传算法、蚁群算法和粒子群算法三种经典的群体智能优化算法。这些算法只展示了智能优化算法的冰山一角，新的优化算法会陆续被挖掘出来，智能优化算法的组成会越来越丰富。

实 验 题

1. 利用群体智能优化算法实现对下面函数的优化（在可能的取值范围内寻优函数的最大值）。

$$f(x) = -(x_1 - 20)^2 + x_2 \sin(x_2) \cos(2x_2) - 3x_3 \sin(3x_3)$$

其中：$x_1 \in [0, 30]$，$x_2 \in [0, 30]$，$x_3 \in [0, 30]$。

2. 从遗传算法、粒子群算法、蚁群算法中任意选择一个优化算法，实现如图 3-17 所示 PID 控制器参数优化，建议使用 PI 控制器。被控对象的数学模型由表 3-1 确定。

图 3-17　控制系统图

表 3-1　　　　　　　　控 制 对 象 模 型

负荷/%$[D/(\text{kg/s})]$	$G(s)$
37$[D=179.2]$	$\dfrac{1.048}{(56.6s+1)^8}$
50$[D=242.2]$	$\dfrac{1.119}{(42.1s+1)^7}$
75$[D=247.9]$	$\dfrac{1.202}{(27.1s+1)^7}$
100$[D=527.8]$	$\dfrac{1.276}{(18.4s+1)^6}$

要求 PI 控制器的参数能够保证在不同的负荷点均能使控制系统具备较好的控制性能。

第4章　智能建模理论与方法

4.1　建　模　方　法　概　述

为了设计一个优良的控制系统，必须充分地了解受控对象、执行机构及系统内一切元件的运动规律，即它们在一定的内外条件下所必然产生的相应运动。内外条件与运动之间存在的因果关系大部分可以用数学形式表示出来，这就是控制系统运动规律的数学描述，即所谓的数学模型。简单来说，数学模型就是描述输入和输出动态关系的数学表达式。模型可以用微分方程、积分方程、偏微分方程、差分方程、代数方程、状态方程和传递函数来描述，建立这些方程的过程称为系统建模。系统建模是自动化领域里的一个重要工作内容。

系统建模方法通常有"白盒"法、"黑盒"法和"灰盒"法三种，下面分别进行介绍。

1. "白盒"法（机理建模法，第一原理模型）

"白盒"法是当建立系统的数学模型时，需要知道系统本身的许多细节，诸如这个系统由几部分组成，它们之间怎样连接，它们相互之间怎样影响等。这种方法不注重对系统过去行为的观察，只注重系统结构和过程的描述。只有详细了解了系统的机理之后，才可能得到描述该系统的数学模型，这就是机理建模。

机理建模法的优点是：它具有较严密的理论依据，在任何状态下使用都不会引起定性的错误。建模时，首先对系统进行分析和类比，再做出一些合理的假设，以简化系统并为建模提供一定的理论依据，然后再根据基本的物理定律（如能量守恒、质量守恒、动量守恒等）建立相应的数学模型。当对一个系统的工作机理有了清楚全面的认识，而且过程能用成熟的理论进行描述时，便可采用机理建模法。

机理建模法的缺点是：它没有一个普适的方法，要视所要求解的问题，根据物理意义进行求解。并且一旦系统结构比较复杂，通过机理建模法获得其模型将变得异常艰难。

2. "黑盒"法（试验建模法，数据驱动模型）

"黑盒"法是对一个系统加入不同的输入（扰动）信号，观察其输出。根据所记录的输入、输出信号，估计出描述这个系统的输入与输出关系的一个或几个数学表达式的结构和参数。这种方法认为系统的动态特性必然表现在这些输入、输出数据中，因此它根本不用描述系统内部的机理和功能，而只关心系统在什么样的输入下产生什么样的响应。这种方法必须通过现场试验完成建模，称为系统辨识建模方法，即试验建模法。

试验建模法的优点是：它是一种具有普遍意义的方法，能适合任何复杂结构的系统及过程。其缺点是：如果对被辨识系统加入的扰动信号不能激励出系统的全部内部状态，那么得到的模型精度会很差，甚至根本不能代表所辨识的系统。

利用试验建模法建立系统的数学模型，根据试验时加到系统上的扰动信号形式的不同，分为时域法、频域法和相关统计法。其中以时域法应用最为广泛，它也是目前工程实际中应用最多的方法。其主要内容是：首先给系统人为地加入一个扰动信号，记录下响应曲线；然后根据该曲线估算出对象的传递函数。作用到对象的扰动信号形式一般有阶跃扰动和矩形脉冲扰动。施加阶跃扰动后获得的对象动态特性曲线为阶跃响应曲线，也叫飞升曲线。阶跃响应曲线能比较直观地反映对象的动态特性，特征参数直接取自记录曲线而无须经过中间转换，试验方法也很简单。但是，并不是所有的系统都允许加入阶跃扰动，而且对扰动幅值也有限制。

施加矩形脉冲扰动后获得的对象动态特性曲线叫作矩形脉冲响应曲线。要取得对象的传递函数，还需将该脉冲响应曲线转换成阶跃响应曲线，再由该等效的阶跃响应曲线取得对象的传递函数。因此，矩形脉冲特性试验一般是在阶跃扰动试验无法测得一条完整的响应曲线的情况下采用的一种方法。

频域法是在系统的输入加入一个正弦信号（也可以是其他的任意信号），记录其输出，再根据这些试验数据推算出其频率响应曲线。有了频率响应后，就可以利用伯德（Bode）图求出系统的传递函数。由于不能直接测得系统的频率响应，必须通过计算得到，而且求取传递函数时也必须近似求得，因此频率响应法比较繁杂，精度也较差，有较少的实际应用。

阶跃响应法、脉冲响应法和频率响应法原则上只在高信噪比的情形下才是有效的，这是上述辨识方法的致命缺点。然而在工程实际中，所获得的数据总是含有噪声的。相关分析法正是解决这类辨识问题的有效方法。

相关分析法的理论基础是，当系统存在随机干扰时，在系统输入加入一个任意的扰动信号，测取系统的实际输入和输出，用数值计算的方法近似计算出它们之间的互相关函数，在一定条件下，这个互相关函数等价于真实的输出与输入之间的互相关函数。因此，可以通过这个互相关函数求得系统的脉冲响应。

最小二乘法也是解决含有噪声的系统辨识的一种有效方法。最小二乘法是在 18 世纪末由高斯提出来的，后来最小二乘法就成了估计理论的奠基石，现在最小二乘法已广泛应用于系统辨识中。所谓最小二乘法，就是系统在一定的输入激励下，测得系统的实际输出，同时将这个输入作用在一个假定的模型上，记录下这个模型的输出，当实际输出与模型输出的偏差的二次方和达到最小时，这个模型的输出能更好地接近实际过程的输出。这个模型就是所要辨识的系统模型。由此也可以看出，相关分析法和最小二乘法都属于时域试验建模方法。

虽然在 18 世纪就有了最小二乘法，但最小二乘辨识法在工程上的应用却较晚，其原因是缺乏计算工具。到了 20 世纪 40 年代个人计算机出现后，人们才又开始致力于最小二乘辨识法以及基于最小二乘法发展起来的一些其他算法在实际工程中的应用研究，如相关最小二乘法、广义最小二乘法、增广最小二乘法、辅助变量、极大似然算法等。

3. "灰盒"法（混合建模法，混合模型）

"黑盒"法和"白盒"法都有自身的缺点，有时为了验证模型的正确性，将这两种方法相结合，互为验证，互为补充，提高模型的精度。通常把这种方法称为"灰盒"法，也称为混合建模方法。

"灰盒"模型一词最早出现在 20 世纪 90 年代的控制和系统理论文献中。随着系统结构越来越复杂，未知信息越来越多，"灰盒"模型得到了越来越多的应用，当过程中存在未知干扰或者过程具有明显的非线性时，"灰盒"模型优势明显。"灰盒"模型受益于机理子模型和数据驱动子模型的优势，并通过有效的建模策略将它们结合起来，以弥补独立机理模型和数据驱动模型的不足。

由一个机理模型和一个数据驱动模型组成的混合模型常见的结构分为两种。

第一种是并行结构，一旦机理模型偏差较大，数据驱动模型用于提高模型估计值，并行结构下的两个模型输出可以是求和、乘积或者函数关系。混合并行结构如图 4-1 所示。同时机理模型和数据驱动模型在最终结果中所占权重也可以表明机理模型的失配程度。

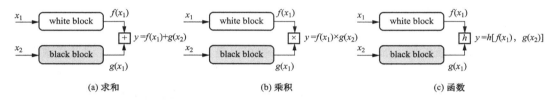

图 4-1　混合并行结构

在能源和化工系统中，被研究对象呈现出非线性、多尺度（时间和物理尺寸）、不确定性、时滞和高维等复杂特性。而机理模型通常基于质量、能量、动量守恒定律，经过一定程度简化后得到了一组偏微分和常微分代数方程。求解方程需要适当的边界条件和初始条件。尤其是瞬态过程，机理模型的偏差较大；否则，需要使用有限差分、有限元和有限体积等数值方法，而这类数值分析方法由于计算量过大，不太适用于在线仿真。数据驱动的并联模式在一定程度上解决了模型的失配问题。

第二种结构是串行结构，按照机理模型和数据驱动模型的先后顺序，串行结构又分为两种：最流行的串行组合是结构 A，如图 4-2（a）所示，在这种结构中，黑盒代表的数据驱动模型用来确定机理模型的待定参数或者某个难以测量的输入数据，例如化工系统中，数据驱动子模型可以模拟反应动力学、对流和传导传递参数、热力学参数以及摩擦系数等，这种结构特别适用于没有底层机制的精确知识，但存在足够的过程数据来推断未知模式的情况；另外一种串行组合结构 B 如图 4-2（b）所示，这种结构在某些情况下等同于并行结构中的（c），即白盒模型预测被视为非参数模型的输入，在过程状态和某些过程特征参数之间建立联系。

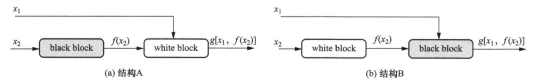

图 4-2　混合串行结构

混合建模方法的目标是充分发挥机理建模与数据驱动建模的优势，提高所建模型的精度。

4.2　智 能 辨 识 原 理

系统辨识的过程实质上就是函数拟合的过程，这里包括传递函数的结构和参数。因此，主要解决的是结构优化和参数优化的问题。如果对系统有一定的了解，那么可以先给出系统模型描述函数的结构，然后辨识出函数中的参数即可，即把结构（函数）优化问题转化成参数优化问题。

假设在时间域里，系统输入与输出的关系为

$$y(t) = f[u(t)] \tag{4-1}$$

令 $t = kT_s(k = 1, 2, \cdots, M; T_s$ 为采样周期，下同；M 为采样点数)，代入式（4-1）有

$$y(kT_s) = f[u(kT_s)] \qquad k = 1, 2, \cdots, M \tag{4-2}$$

现在的问题是，当测得实际系统的 M 组输入和输出数据 $u(kT_s)$ 和 $y(kT_s)$ 时，怎样估计一个能与 f 达到合理匹配的已知函数 f_g，使采集到的数据满足

$$y(kT_s) = f_g[u(kT_s)] \qquad k = 1, 2, \cdots, M \tag{4-3}$$

式中：f_g 为所求的系统模型，它在一定精度上可以代表系统的真实模型 f。

并不是所有采集到的数据都是可利用的，只有当系统的输入 $u(t)$ 发生的变化（不论是人为干扰还是自动控制的结果）能够激励系统输出 $y(t)$ 也发生变化，而且 $u(t)$ 激励的时间足够长，能激励出系统的全部状态，在这段激励时间内对系统进行连续采样所得到的数据才是可用的，这些数据蕴含着系统的全部动态信息。

估计模型 f_g 是在系统输入和输出都是确定量的前提下的数学模型，实际中系统往往存在各种难以精确描述的因素，比如：数学模型中未加考虑的各种干扰作用；模型线性化和其他近似假设引起的误差；输入量和输出量的测量误差等。因此，输入和输出的量测数据不可能完全满足式（4-3），实际系统的估计模型描述为

$$y(kT_s) = f_g[u(kT_s)] + e(kT_s) \qquad k = 1, 2, \cdots, M \tag{4-4}$$

式中：$e(kT_s)$ 为残差。

显然，残差 $e(kT_s)$ 与估计模型 f_g 的参数有关，对参数的估计不同，就会产生不同的残差。但无论用什么方法对参数进行估计，要求残差 $e(kT_s)$ 的绝对值越小越好，即希望 $e(kT_s)$ 趋向于零。因此，定义误差指标函数为

$$Q = \sum_{k=1}^{M} \left[y(kT_s) - f_g u(kT_s) \right]^2 = \sum_{k=1}^{M} e^2(kT_s) \tag{4-5}$$

使 Q 达到极小的参数估计即为所求，并称为最小二乘估计。

现在模型辨识的问题已经转化成参数优化的问题，如图 4-3 所示。根据工程经验，估计出模型 f_g 的结构，在系统运行的历史数据中，找出适合于辨识的一序列输入和输出数据 $u(kT_s)$ 和 $y(kT_s)$，选择一种比较成熟的

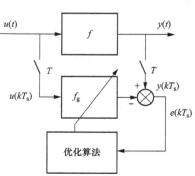

图 4-3　辨识系统结构框图

优化算法即可优化出系统的数学模型。

在经典最小二乘法中，估计模型 f_g 的结构是差分方程的形式，这主要是为了推导递推算法和批处理算法方便，现在改用最优化方法估计参数模型，模型结构的选择可以更灵活，特别是选择高阶惯性传递函数模型时，对采集来的数据具有滤波功能，得到的辨识结果更准确。实际上，差分方程模型是最难使用的一种，如本章 4.3 节所述。

4.3 估计模型的选择

确定模型的结构需要有被辨识系统的先验知识，以使所获模型能以最高精度满足要求。模型结构的选择是建模工作中最重要的阶段，它是决定模型质量关键性的一步。模型的结构选定以后，尽管还可以采用不同的估计模型参数的方法，但是最终的模型质量已经基本确定。

按照对系统数学模型的理解，模型是对已存在的动态系统或欲构造的动态系统的本质特性的数学描述。系统的建模问题可以归结为用一个数学模型来表示客观未知系统本质特性的一种演算，并利用这个模型把对系统的理解表示成实用的形式。这意味着并不期望获得一个物理实际的确切的数学描述，所要的只是一个适合于应用的数学模型。实际上，一个实际的物理对象，可以用无穷多的数学模型来描述，物理对象与数学模型不存在一一对应的关系，建模要做的就是从各种数学模型中选择出一种来近似描述实际的物理对象。实际上，这一特性给选择模型结构带来困难。只好利用对各过程领域的先验知识来假想一个模型结构。

例如，根据热工过程的特征，专家总结出的经验模型是

$$G(s) = \frac{K(1-\alpha s)\mathrm{e}^{-\tau s}}{s^m(Ts+1)^n} \tag{4-6}$$

式中：K 为系统增益；τ 为纯迟延时间常数；T 为系统惯性时间常数；α 为微分时间常数；当系统无自平衡时 $m=1$，有自平衡时 $m=0$；n 为惯性部分的阶次。

考虑输入和输出变量也是随时间变化的特征，可以根据观测到的离散时刻点上的数据，通过曲线拟合或者参数估计建立数学模型。此时经常会使用回归类数学模型，包括针对平稳时间序列的自回归移动平均（Auto Regression Moving Average，ARMA）模型和针对非平稳时间序列的自回归差分移动平均（Auto Regresssion Integrated Moving Average，ARI-MA）模型。

下面对不同类型的数学模型展开详细分析。

4.3.1 热工过程典型模型结构

1. 高阶对象

绝大多数的热工对象有自平衡能力，并且属于多阶惯性环节。一般可认为它是等容多阶对象，定义它为 Ⅰ 型对象传递函数，公式为

$$G(s) = \frac{K}{(Ts+1)^n} \tag{4-7}$$

当求出的阶次 n 不是整数时，可用近似的整数代替。

差分方程为

$$x_1(k+1) = \mathrm{e}^{-DT/T} x_1(k) + K(1-\mathrm{e}^{-DT/T}) u(k)$$
$$x_2(k+1) = \mathrm{e}^{-DT/T} x_2(k) + (1-\mathrm{e}^{-DT/T}) x_1(k+1)$$
$$\vdots$$
$$x_n(k+1) = \mathrm{e}^{-DT/T} x_n(k) + (1-\mathrm{e}^{-DT/T}) x_{n-1}(k+1)$$
$$y(k+1) = x_n(k+1) \tag{4-8}$$

式中：DT 为仿真计算步距，由式（2-104）可以估算出。

对于热工系统中的慢过程 DT=1，快过程 DT=0.1。

2. 多容惯性对象

可以用多容惯性对象描述有自平衡对象的细节，定义它为 Ⅱ 型对象，传递函数式为

$$G(s) = \frac{K}{(T_1 s+1)(T_2 s+1) \cdots (T_n s+1)} \tag{4-9}$$

差分方程为

$$x_1(k+1) = \mathrm{e}^{-DT/T_1} x_1(k) + K(1-\mathrm{e}^{-DT/T_1}) u(k)$$
$$x_2(k+1) = \mathrm{e}^{-DT/T_2} x_2(k) + (1-\mathrm{e}^{-DT/T_2}) x_1(k+1)$$
$$\vdots$$
$$x_n(k+1) = \mathrm{e}^{-DT/T_n} x_n(k) + (1-\mathrm{e}^{-DT/T_n}) x_{n-1}(k+1)$$
$$y(k+1) = x_n(k+1) \tag{4-10}$$

3. 具有纯迟延的高阶惯性对象

当系统存在纯迟延时，可以加入纯迟延环节，定义它为 Ⅲ 型对象，传递函数式为

$$G(s) = \frac{K}{(Ts+1)^n} \mathrm{e}^{-\tau s} \tag{4-11}$$

差分方程为

$$x_1(k+1) = \mathrm{e}^{-DT/T} x_1(k) + K(1-\mathrm{e}^{-DT/T}) u(k)$$
$$x_2(k+1) = \mathrm{e}^{-DT/T} x_2(k) + (1-\mathrm{e}^{-DT/T}) x_1(k+1)$$
$$\vdots$$
$$x_n(k+1) = \mathrm{e}^{-DT/T} x_n(k) + (1-\mathrm{e}^{-DT/T}) x_{n-1}(k+1)$$
$$y(k+1) = x_n(k+1-\tau/DT) \tag{4-12}$$

当使用高阶对象时，可能会遇到困难，这时可以对其进行降阶处理。此外，纯迟延对象并不适合于系统分析，这时可以与高阶对象互换。如果不要求有特别高的精度，可用下面非常简单的方法进行升降阶以及纯迟延与系统阶次相互转换处理。

如果原传递函数如式（4-11）所示，则可以把它简化成

$$G(s) = \frac{K}{(T_1 s+1)^{n_1}} \tag{4-13}$$

两式中的参数关系为

$$nT + \tau = n_1 T_1 \tag{4-14}$$

例如，对于系统 $G(s) = \dfrac{0.0439 \mathrm{e}^{-48s}}{(83.62s+1)^2}$，如果用四阶惯性来代替，根据式（4-14）则有

$$G(s) \approx \frac{0.0439}{(54s+1)^4} \tag{4-15}$$

73

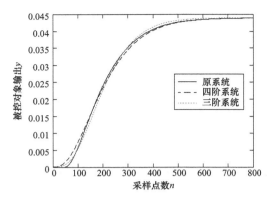

图 4-4　传递函数变换处理后的对比

还可以进一步把它降为三阶惯性，则有

$$G(s) \approx \frac{0.0439}{(72s+1)^3} \tag{4-16}$$

原始传递函数与升降阶处理后的传递函数对比如图 4-4 所示。

4. 无自平衡能力对象

对于汽包水位系统等少数无自平衡能力对象，定义它为Ⅳ型对象，传递函数式为

$$G(s) = \frac{K}{s(Ts+1)^n} e^{-\tau s} \tag{4-17}$$

差分方程为

$$x_1(k+1) = x_1(k) + K \cdot DT \cdot u(k)$$
$$x_2(k+1) = e^{-DT/T} x_2(k) + (1-e^{-DT/T}) x_1(k+1)$$
$$x_3(k+1) = e^{-DT/T} x_3(k) + (1-e^{-DT/T}) x_2(k+1)$$
$$\vdots$$
$$x_n(k+1) = e^{-DT/T} x_n(k) + (1-e^{-DT/T}) x_{n-1}(k+1)$$
$$y(k+1) = x_n(k+1-\tau/DT) \tag{4-18}$$

5. 稳态为零的对象

对于具有微分作用的对象，当系统趋于稳态时，输出趋近于零，把这种对象定义为Ⅴ型对象，传递函数式为

$$G(s) = \frac{KTs}{(Ts+1)^n} \tag{4-19}$$

差分方程为

$$x_1(k+1) = e^{-DT/T} x_1(k) + K(1-e^{-DT/T}) u(k)$$
$$x_2(k+1) = e^{-DT/T} x_2(k) + (1-e^{-DT/T}) x_1(k+1)$$
$$\vdots$$
$$x_{n-1}(k+1) = e^{-DT/T} x_{n-1}(k) + (1-e^{-DT/T}) x_{n-2}(k+1)$$
$$x_n(k+1) = e^{-DT/T} x_n(k) + (1-e^{-DT/T}) x_{n-1}(k+1)$$
$$y(k+1) = K[x_{n-1}(k+1) - x_n(k+1)] \tag{4-20}$$

6. 逆向响应系统

在工程中，存在一种逆向响应系统，其表征的是在阶跃扰动作用下，系统的输出先朝着与最终趋向相反的方向变化，然后才朝着最终趋向变化。汽包锅炉的蒸汽量阶跃扰动引起的汽包水位变化就是逆向响应过程，在热工过程被称为"虚假水位"；循环流化床锅炉一次风阶跃扰动引起的床温变化也是一个典型的逆向响应过程。定义它为Ⅵ和Ⅶ型对象，逆向响应系统的传递函数式为

Ⅵ 型
$$G(s) = \frac{K_1}{s} e^{-\tau_1 s} - \frac{K_2}{Ts+1} e^{-\tau_2 s} \tag{4-21}$$

Ⅶ 型
$$G(s) = \frac{K_1}{(T_1 s+1)^{n_1}} e^{-\tau_1 s} - \frac{K_2}{(T_2 s+1)^{n_2}} e^{-\tau_2 s} \tag{4-22}$$

这两种传递函数的分解结构形式与前面讲述的相同，其差分方程不再赘述。

7. 高阶有理函数对象

对于一般的线性定常系统可用有理函数来描述，它是两个多项式之比，把它定义为Ⅷ型对象，传递函数式为

$$G(s) = \frac{b_n s^n + b_{n-1} s^{n-1} + \cdots + b_1 s + b_0}{a_n s^n + a_{n-1} s^{n-1} + \cdots + a_1 s + 1} e^{-\tau s} \tag{4-23}$$

其状态方程描述为

$$\begin{bmatrix} \dot{x}_1 \\ \dot{x}_2 \\ \vdots \\ \dot{x}_{n-1} \\ \dot{x}_n \end{bmatrix} = \begin{bmatrix} -a_{n-1}/a_n & 1 & 0 & \cdots & 0 \\ -a_{n-2}/a_n & 0 & 1 & \cdots & 0 \\ \vdots & \vdots & \vdots & \vdots & \vdots \\ -a_1/a_n & 0 & 0 & 0 & 1 \\ -1/a_n & 0 & 0 & 0 & 0 \end{bmatrix} \begin{bmatrix} x_1 \\ x_2 \\ \vdots \\ x_{n-1} \\ x_n \end{bmatrix} + \frac{1}{a_n} \begin{bmatrix} b_{n-1} - b_n a_{n-1}/a_n \\ b_{n-2} - b_n a_{n-2}/a_n \\ \vdots \\ b_1 - b_n a_1/a_n \\ b_0 - b_n a_0/a_n \end{bmatrix} u \tag{4-24}$$

输出方程为

$$y_0 = x_1 + \frac{b_n}{a_n} u$$
$$y = y_0(t - \tau) \tag{4-25}$$

由式（2-79）可得到梯形公式下的差分方程为

$$X(k+1) = \left(I + \mathrm{DT} \cdot A + \frac{\mathrm{DT}^2}{2} A^2 \right) X(k) + \left(\frac{\mathrm{DT}^2}{2} I + \frac{\mathrm{DT}^2}{2} A \right) Bu(k) + \frac{\mathrm{DT}}{2} Bu(k+1)$$
$$y_0(k+1) = x_1(k+1) + b_n u(k+1)$$
$$y(k+1) = y_0\left(k + 1 - \frac{\tau}{\mathrm{DT}} \right) \tag{4-26}$$

式中：$A = \begin{bmatrix} -a_{n-1} & 1 & 0 & \cdots & 0 \\ -a_{n-2} & 0 & 1 & \cdots & 0 \\ \vdots & \vdots & \vdots & \vdots & \vdots \\ -a_1 & 0 & 0 & 0 & 1 \\ -a_0 & 0 & 0 & 0 & 0 \end{bmatrix}$；$B = \begin{bmatrix} b_{n-1} - b_n a_{n-1} \\ b_{n-2} - b_n a_{n-2} \\ \vdots \\ b_1 - b_n a_1 \\ b_0 - b_n a_0 \end{bmatrix}$

该传递函数比较通用，它可以描述任何系统，由此也带来求解参数困难的问题。在求解过程中，优化的参数过多，而且参数与参数之间的量级差别很大，给参数变化区间的选择带来很大的困难。此外，由于计算时的误差，当某些参数发生微小的变化时，可能会使本来是最小相位系统变成非最小相位系统，即使系统成为"病态"。这些因素都会导致辨识失败。因此，使用智能算法进行辨识时，尽量不使用该模型结构，如果使用，也要尽量使用低阶模型。

8. 采样离散系统

对式（4-23）进行双线性变换，即

$$s = \frac{2}{T_s} \times \frac{1 - z^{-1}}{1 + z^{-1}} \tag{4-27}$$

即可得到描述离散系统的 z 传递函数模型，定义它为Ⅸ型对象，传递函数式为

$$G(z) = \frac{\beta_n + \beta_{n-1} z^{-1} + \cdots + \beta_1 z^{-(n-1)} + \beta_0^{-n}}{1 + \alpha_{n-1} z^{-1} + \cdots + \alpha_1 z^{-(n-1)} + \alpha_0 z^{-n}} z^{-d} \tag{4-28}$$

式中：d 为纯迟延拍数，即采样周期 T_s 的倍数。

其差分方程为

$$y(k) = -\alpha_{n-1}y(k-1) - \alpha_{n-2}y(k-2) - \cdots - \alpha_0 y(k-n) + \beta_n u(k-d)$$
$$+ \beta_{n-1}u(k-1-d) + \cdots + \beta_0 u(k-n-d) = \beta_n u(k-d)$$
$$+ \sum_{i=1}^{n}\left[\beta_{n-i}u(k-i-d) - \alpha_{n-i}y(k-i)\right] \tag{4-29}$$

与Ⅷ型模型一样，它可以描述任何一个系统。但是，s 传递函数中参数的物理意义很明显，工程技术人员容易掌握，而变换为 z 传递函数时，函数中的参数失去了物理意义，由热工对象的特征可知，式（4-28）中的系数 α 和 β 数量级差别很大，这给确定参数变化区间带来更大的困难。此外，差分方程本来就丢掉了一些有用信息，它的精度要比前面的 s 传递函数模型差。因此，不主张使用该模型结构。

至此，已经介绍了八种模型结构，要视实际系统情况而定。下面给出几种传递函数阶跃响应形状曲线，如图 4-5 所示。

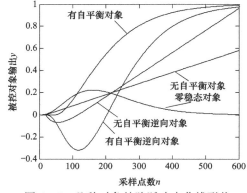

图 4-5　几种对象的阶跃响应曲线形状

4.3.2　时间序列数学模型

ARMA 模型是目前最常用的拟合平稳时间序列的模型，它又可细分为自回归（Auto Regression，AR）模型、移动平均（Moving Average，MA）模型和自回归移动平均（Auto Regression Moving Average，ARMA）模型三大类。

AR 模型的数学表达式为

$$y(k) = \varphi_1 y(k-1) + \varphi_2 y(k-2) + \cdots + \varphi_n y(k-n) + \varepsilon \tag{4-30}$$

式中：变量 $y(k)$ 和它自身的前期值和随机项 ε 有关；φ_1，φ_2，$\cdots$，φ_n 为自回归系数，随机项 ε 是相关独立的白噪声序列，假设服从均值为 0、方差为 σ^2 的正态分布。

记 $B^n y(k) = y(k-n)$，上面的模型可以表示为

$$y(k) = \varphi_1 By(k) + \varphi_2 B^2 y(k) + \cdots + \varphi_n B^n y(k) + \varepsilon \tag{4-31}$$

令 $\varphi(B) = 1 - \varphi_1 B - \varphi_2 B^2 - \cdots - \varphi_n B^n$，AR 模型可以简写为

$$\varphi(B)y(k) = \varepsilon \tag{4-32}$$

$\varphi(B)$ 称为滞后多项式，判断 AR 模型平稳的条件是滞后多项式 $\varphi(B)$ 的根均在单位圆外，即 $\varphi(B) = 0$ 的根大于 1。

MA 模型的数学表达式为

$$y(k) = \varepsilon(k) + \theta_1 \varepsilon(k-1) + \theta_2 \varepsilon(k-2) + \cdots + \theta_m \varepsilon(k-m) \tag{4-33}$$

式中：变量 $y(k)$ 和随机项 ε 的当前值和前期值有关；θ_1，θ_2，$\cdots$，θ_m 为移动平均系数，引入滞后算子，令 $\theta(B) = 1 + \theta_1 B + \theta_2 B^2 + \cdots + \theta_m B^m$，MR 模型可以简写为

$$y(k) = \theta(B)\varepsilon(k) \tag{4-34}$$

移动平均过程是无条件平稳。

当变量 $y(k)$ 不仅和它自身的前期值有关，也和随机项 ε 的当前值和前期值有关时，即将 AR 和 MR 模型组合起来就得到 ARMA 模型，数学表达式为

$$y(k) = \varphi_1 y(k-1) + \varphi_2 y(k-2) + \cdots + \varphi_n y(k-n) + \varepsilon(k) + \theta_1 \varepsilon(k-1)$$
$$+ \theta_2 \varepsilon(k-2) + \cdots + \theta_m \varepsilon(k-m) \tag{4-35}$$

对于非平稳时间序列，通常采用自回归差分移动平均（ARIMA）模型，数学表达式为

$$\left(1 - \sum_{i=1}^{n} \varphi_i L^i\right)(1-L)^d y(k) = \left(1 + \sum_{i=1}^{m} \theta_i L^i\right)\varepsilon(k) \tag{4-36}$$

式中：L 为滞后算子，$d \in \mathbb{Z}$，$d > 0$。

4.4　基于标准粒子群算法的智能辨识

任何智能优化算法都可以用于参数辨识。本节仅讨论使用标准粒子群算法进行参数辨识时的一些问题，其他智能算法的使用与标准粒子群算法相同。辨识程序源代码扫描二维码 4-1 获取。

二维码4-1

辨识程序源代码

4.4.1　采样数据选取原则

机理建模过于复杂，实验建模又必须得到现场配合，因为这些因素的存在，辨识理论虽然在 20 世纪 80 年代就已发展成熟，但是热工系统建模仍然停留在理论层面，实际应用并不多。20 世纪 90 年代以后，国内大部分电厂陆续引进分散控制系统和厂级监控信息系统，使得大量的热工过程运行和调整数据可以方便保存和查看。通过对海量现场运行数据的分析，发现数据中隐藏着大量有用的信息，同时利用系统辨识技术，为热工过程建模开辟了一条实用之路。

用于模型辨识的数据能不能正确反映输入和输出之间的关系是辨识结果好坏的关键，利用运行数据进行模型辨识，首先需要对所关注对象的结构、特性有深刻认识，确定感兴趣和关键的变量；其次观察对比大量历史曲线，遴选出可用的数据，剔除坏的数据和无价值的数据，选择标准需要注意以下几点（以传递函数模型为例）：

（1）传递函数的定义是在某一初始状态下输出对输入的转移能力，是针对偏差的转移能力，所以输入数据应有一定的起伏，信噪比尽量大，太小的数据波动会被干扰噪声淹没。最好选取机组负荷小范围动态过程中的数据，以保证所有的数据都处于变化过程中。

（2）现代工程中的生产过程一般都是由多个变量交织在一起的耦合系统组成，即它是一个较为复杂的多变量系统。对于多变量系统的辨识问题一直没有一个很有效的方法。现在都是选择多输入系统中的某一个输入对应系统的某一个输出进行辨识，而其他输入尽量保持不变，即把多输入多输出（MIMO）系统变成单输入单输出（SISO）系统来处理。因此，输出变量的波动应该是由单一输入变量引起的，这就要求观察影响输出变量的所有因素，根据经验判断出输出变量的响应是否是对输入变量的正确反应。

（3）采样数据段最好起始于某个稳定工况点或终止于某个稳定工况点。如果是起始于某个稳定工况点，则数据序列反映的是系统从某一稳态开始的动态过程，这样便于在进行辨识工作时确定所采样数据的"零初始值"点；如果是终止于某个稳定工况点，由于各状态变量的初始值不确定，就必须对各状态变量的初始值进行辨识，这样增加了辨识难度。

4.4.2　采样周期的选择

采样周期的选择取决于被辨识对象的主要频带中的最高频率或截止频率。但是，在辨识前估计出最高频率或截止频率都是非常困难的，所以还是靠经验或试验来确定采样周期。

下面给出估计采样周期的经验公式为

$$T_s = \frac{T_f}{500} \sim \frac{T_f}{100} \tag{4-37}$$

式中：T_f 为系统在阶跃扰动作用下可能的过渡过程时间。

为了不丢失有用的信息，应采用较小的采样周期。但是，如果采样周期选得过小，会使采样点邻近的数据基本相等，容易使优化算法收敛性变差，出现早熟现象，甚至导致辨识失败；如果采样周期过大，会丢掉系统的一些有用信息，而使模型变得粗糙，表现为系统降为低阶系统。

经过大量的辨识实验发现，使用本章的智能辨识方法，对采样周期的选择并不那么苛刻，可以在很大的范围内进行选择。

4.4.3　参数区间的选择

要讨论的被辨识参数的区间称为论域，论域的选择是非常重要的。当选择的论域太宽时，容易使智能优化算法陷入"早熟"，表现为得到的优化结果是局部最优，而用在参数辨识时，得到的参数是不可信的，导致辨识失败。当论域太窄时，全局最优点可能不在论域内，同样会导致辨识失败。因此，不主张使用Ⅷ型和Ⅸ型模型结构，因为这两种模型参数太多，物理意义又不明显，所以很难选择参数的论域。

参数论域的选择还是凭专家的经验，或者通过多次辨识试验获得。例如，对于300MW和600MW火电机组的汽温系统来说，如果选择Ⅲ型模型结构，则可估计出参数的论域如下：$n \in (2, 5)$，$K \in (0.0001, 100)$，$T \in (10, 500)$，$\tau \in (0, 500)$。

4.4.4　模型阶次的选择

在建模和辨识过程中，无论选择传递函数模型还是时间序列模型，都需要确定模型的阶次，甚至在有些模型结构中，模型阶次决定了待辨识参数的数量。常见的确定模型阶次的方法包括按残差方差定阶、F检验法定阶和 AIC 定阶。

1. 按残差方差定阶

线性系统用差分方程描述为

$$a(z^{-1})y(k) = b(z^{-1})u(k) + \varepsilon(k) \tag{4-38}$$

式中：$y(k)$ 为输出；$u(k)$ 为输入；$\varepsilon(k)$ 为均值为 0、方差为 σ^2 的符合正态分布的白噪声序列。

残差的估计值为

$$\hat{e}(k) = \hat{a}(z^{-1})y(k) - \hat{b}(z^{-1})u(k) \tag{4-39}$$

取目标函数为

$$J = \sum_{k=n+1}^{n+N} \hat{e}^2(k) \tag{4-40}$$

当没有取到正确的阶次 n 时，J 值变化较大；当取到正确的阶次 n 时，J 值变化较微小。

2. F 检验法定阶

根据之前的表述，J 值随着 n 值的增加而减小，可以通过引入下面的准则，获得使 J 值显著减小的 n，即

$$t = \frac{J_i - J_{i+1}}{J_{i+1}} \times \frac{N - 2n_{i+1}}{2(n_{i+1} - n_i)} \tag{4-41}$$

3. 按 Akaike 信息准则（Akaike Information Criterion，AIC）定阶

AIC 公式为

$$\text{AIC} = -2\ln L + 2p \tag{4-42}$$

式中：L 为模型的似然函数；p 为模型中的参数数目；AIC 为最小的模型，也是最佳模型。

AIC 准则的第一部分是极大似然函数的对数，是考虑样本信息对总体信息的反映程度，即模型拟合情况；第二部分是对模型复杂度的惩罚，在满足模型有效性和可靠性条件下参数个数最少。它既考虑了模型的拟合情况，又考虑了复杂度的影响，采用在同等拟合优度条件下参数最少的模型作为估计模型。

4.4.5　数据预处理

从现场采集的数据通常都含有直流或低频成分，用任何辨识方法都无法消除它们对辨识精度的影响。此外，数据中的高频成分对辨识也是不利的。因此，对采集的数据一般都要进行零初始值和剔除低频成分等预处理。

1. 数据滤波

在系统辨识时，要求输入和输出数据是平稳的、正态的和零均值的，即数据的统计特性与统计时间起点无关。工业数据中往往会出现各种漂移或缓慢变化，例如进料成分的变化和周围温度的变化造成的各种趋势。数据的趋势变化和漂移对估计结果有严重影响。它们的低频特性不仅使系统不能达到平衡，而且会在低频段产生模型误差。因此，需要从数据中剔除。

对输入和输出数据进行高通滤波，可以消除漂移以及一些低频段的信息。高通滤波器的频带应该覆盖过程的动力学特性。它的另一个优点是，对于有斜坡和漂移的数据，高通滤波器会使数据更平稳。

高通滤波器的传递函数为

$$F_{\text{h}}(s) = \frac{s}{s + \omega_{\text{ch}}} \tag{4-43}$$

为了使计算不会发散，选取零阶保持器下的差分方程为

$$f_1(k+1) = e^{-T_s \omega_{\text{ch}}} f_1(k) + (1 - e^{-T_s \omega_{\text{ch}}}) u(k)$$
$$y_{\text{h}}(k+1) = u(k) - f_1(k+1) \tag{4-44}$$

式中：ω_{ch} 为高通滤波器的截止频率；$u(k)$ 为需要滤波的数据；$y_{\text{h}}(k)$ 为通过高通滤波后的输出。

此外，从工业现场采集到的数据都含有高频干扰噪声，表现为数据曲线上有许多"毛刺"，虽然很多辨识算法都能很好地抑制这些干扰噪声，但当"毛刺"较大时，对辨识结果会产生严重影响，可以用低通滤波器消减这些"毛刺"。

低通滤波器的传递函数为

$$F_1(s) = \frac{\omega_{\mathrm{cl}}}{s + \omega_{\mathrm{cl}}} \tag{4-45}$$

其零阶保持器下的差分方程为

$$y_1(k+1) = \mathrm{e}^{-T_s \omega_{\mathrm{cl}}} y_1(k) + (1 - \mathrm{e}^{-T_s \omega_{\mathrm{cl}}}) u(k) \tag{4-46}$$

式中：ω_{cl} 为低通滤波器的截止频率；$u(k)$ 为需要滤波的数据；$y_1(k)$ 为通过低通滤波后的输出。

由式（4-45）不难看出，低通滤波器就是一个惯性环节，如果选择的模型结构含有惯性环节，就不需要再进行低通滤波了。如果数据需要高低通（带通）滤波，将上述的两个滤波器串联即可。

但是，在辨识前还不知道系统的主要频带，因此，参数 ω_{cl} 和 ω_{ch} 的选择是很困难的。在实际应用中，一般根据对系统的先验了解，按第 2 章估算计算步距的方法来估计这两个参数。

2. 零初始值处理

传递函数模型表达的是系统在某个平衡点处输出与输入增量之间的传递关系，即系统处于平衡状态时，系统的输入和输出均为零，它们的各阶导数也都为零。如果不对数据进行零初始值处理，就等于假设平衡点在系统实际的零值点，显然对于绝大多数生产过程这种假设是不正确的，实际采集的未经处理的输入和输出数据 $u(k)$ 和 $y(k)$ 的"零点"可能完全是任意的。因此，要想使用采集的数据，求解与信号零点无关的方程，就必须找到这个"零点"，然后剔除。

在前面讲述的带通滤波中，高通滤波器已经滤掉了缓慢变化或不变（直流分量）的信号，即做到了零均值化处理。如果没进行过高通滤波，可以用下面的方法进行零初始值处理。

当系统数据采集起始于系统运动的某个平衡态时，这个平衡态就能当作已知的平衡态（直流分量），即系统输入输出的"零点"。此时，零初始值后的数据为

$$\begin{cases} u^*(k) = u(k) - \dfrac{1}{N} \displaystyle\sum_{i=1}^{N} u(i) \\ y^*(k) = y(k) - \dfrac{1}{N} \displaystyle\sum_{i=1}^{N} y(i) \end{cases} \tag{4-47}$$

式中：N 为零初始点数据个数。

3. 粗大值处理

在工业生产环境中，传感器和数据采集装置的暂时失灵会导致采集到的数据幅值远超过实际信号的范围，将此时的数据称为粗大值。粗大值对辨识结果可能会造成相当大的潜在影响，必须加以剔除。粗大值处理一般有差分法、多项式逼近法和最小二乘法。低通滤波也能消除粗大值的一定影响，但不能完全剔除。

下面是一种低阶差分法。

假设原始数据 $u(i)$ 的前 4 点是正常数据，那么，从第 5 点开始，满足下面公式的点可视为粗大值

$$\mid u(i) - u(i-1) \mid > \frac{\gamma}{n} \sum_{j=1}^{n} \mid u(i-j) - u(i-j-1) \mid \tag{4-48}$$

式中：$i = 5, 6, \cdots, M$（M 为数据点数）；$n < 4$ 为差分阶次；γ 为粗大值因子，随跃变点

的幅值变化，一般为 5～10 之间的常数，可以通过试验获得。

在使用式（4-48）时，如果第 i 点前的某一点已经是粗大值，那就用比它更前的一点代替，直至找到 4 个正常数据点。

通过观察剔除粗大值以后的数据曲线，很容易看出是否把所有的粗大值都已剔除。如果还残留粗大值，则减小 γ 的值，再做进一步的剔除。

如果第 i 点被剔除，则该点可用其前后正常的两点插值粗略代替

$$\tilde{y}_i = (y_{i+p} + y_{i-f})/2 \tag{4-49}$$

式中：y_{i-f} 为第 i 点前面离其最近的某一正常点；y_{i-p} 为第 i 点后面离其最近的某一正常点；$\tilde{y}_i$ 为第 i 点被替代后的值。

如果是对数据进行实时处理，当发现第 i 点是粗大值后，可用第 i 点前面离其最近的两个正常点的外推公式来代替，即

$$\tilde{y}_i = 2y_{i-1} - y_{i-2} \tag{4-50}$$

式中：y_{i-1}、y_{i-2} 为第 i 点前面离其最近的两个正常点。

在处理数据中，连续跃变点很少有超过 4 点的，因此，在剔除粗大值时，当有 4 个以上的点连续为粗大值时，认为这个粗大值是阶跃信号，不做剔除处理，而是当成正常值。

粗大值处理程序：r_value. m（MATLAB）或者 r_value. py（Python）。

二维码4-2

粗大值处理程序
辨识用参数生成
程序

4.5　应用实例

【例 4-1】　已知某超超临界机组在 80％负荷工况下得到的燃料量与主汽压的传递函数为

$$G(s) = \frac{0.0439e^{-48s}}{(83.62s + 1)^2}$$

试用粒子群优化算法辨识该系统。

解　在阶跃信号作用下，辨识用参数生成程序：data_acquire_uy. m（MATLAB）或者 data_acquire_uy. py（Python），扫描二维码 4-2 获取。阶跃响应曲线如图 4-6 所示。

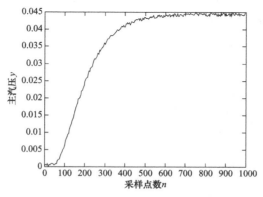

图 4-6　阶跃信号激励下的响应曲线

1. Ⅰ 型模型结构

被辨识参数的论域选择如下

$$K \in (0.0001, 10) \qquad T \in (5, 500) \qquad n \in (3, 5)$$

优化目标子程序：psoi_obj_1.m（MATLAB）或者 psoi_obj_1.py（Python），扫描二维码 4-3 获取。

辨识结果如下

$$G(s) = \frac{0.044}{(53.2s + 1)^4}$$

辨识结果的阶跃响应曲线如图 4-7 所示。

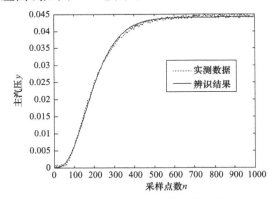

图 4-7　Ⅰ型模型结构时的辨识结果

由于 PSO 算法公式中有些系数是随机数，因此，每次运行程序时，会得到不同的运行结果，通过多次运行选择一组较好的参数即可。下面几种模型程序的运行结果存在同样的问题。

2. Ⅱ型模型结构

被辨识参数的论域选择如下

$$K \in (0.0001, 10) \qquad T_{1\sim4} \in (10, 400) \qquad n \in (2, 5)$$

优化目标子程序：psoi_obj_2.m（MATLAB）或者 psoi_obj_2.py（Python），扫描二维码 4-4 获取。

辨识结果如下

$$G(s) = \frac{0.0448}{(10s + 1)(56s + 1)(90s + 1)(64s + 1)}$$

辨识结果的阶跃响应曲线如图 4-8 所示。

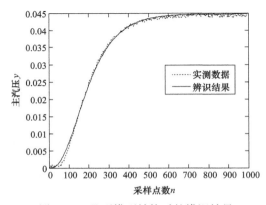

图 4-8　Ⅱ型模型结构时的辨识结果

3.Ⅲ型模型结构

被辨识参数的论域选择如下

$$K \in (0.0001, 10) \qquad \tau \in (5, 200) \qquad T \in (20, 200) \qquad n \in (2, 5)$$

优化目标子程序：psoi_obj_3.m（MATLAB）或者 psoi_obj_3.py（Python），扫描二维码 4-5 获取。

辨识结果如下

$$G(s) = \frac{0.044 e^{-5s}}{(52s + 1)^4}$$

辨识结果的阶跃响应曲线如图 4-9 所示。

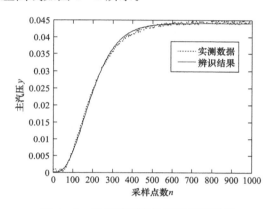

图 4-9　Ⅲ型模型结构时的辨识结果

4.Ⅷ型模型结构

被辨识参数的论域选择如下

$$a_n \in (100, 1000000) \qquad a_{n-1} \in (100, 100000) \qquad a_{n-2,n-3,n-4} \in (1, 1000)$$
$$b_{n,n-1,n-2} \in (0, 0) \qquad b_{n-3,n-4} \in (0.0001, 10) \qquad \tau \in (5, 500) \qquad n \in (3, 5)$$

优化目标子程序：psoi_obj_8.m（MATLAB）或者 psoi_obj_8.py（Python），扫描二维码 4-6 获取。

辨识结果如下

$$G(s) = \frac{0.0445}{440220s^3 + 14561s^2 + 212s + 1} e^{-5.8s}$$

辨识结果的阶跃响应曲线如图 4-10 所示。

5.Ⅸ型模型结构

被辨识参数的论域选择如下

$$a_{1\sim5} \in (-1, 0) \qquad b_{0\sim4} = 0 \qquad b_5 \in (0, 0.01) \qquad n = 5 \qquad d \in (5, 15) \qquad T_s = 4$$

优化目标子程序：psoi_obj_9.m（MATLAB）或者 psoi_obj_9.py（Python），扫描二维码 4-7 获取。

辨识结果如下

$$G(s) = \frac{0.0030}{1 + 0.2023z^{-1} + 0.112z^{-2} + 0.2531z^{-3} + 0.2406z^{-4} + 0.1273z^{-5}} z^{-14}$$

辨识结果的阶跃响应曲线如图 4-11 所示。

优化目标子程序

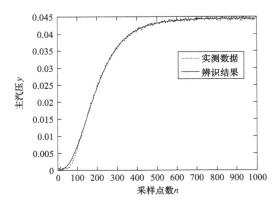

图 4 - 10　Ⅷ型模型结构时的辨识结果

优化目标子程序

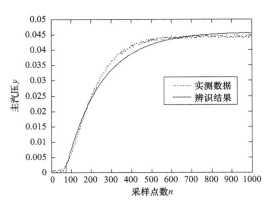

图 4 - 11　ⅣW 型模型结构时的辨识结果

输入输出数据文件

读取现场记录数据
及零初始值处理
程序

【例 4 - 2】　某 135MW 循环流化床热电机组，喷水量变化对应主蒸汽温度的变化如图 4 - 12(a)、图 4 - 12(b) 所示，输入输出数据存在文件 u0. txt 和 y0. txt 中，试用粒子群优化算法辨识该系统模型。

扫描二维码 4 - 8 获取输入和输出数据文件 u0. txt 和 y0. txt。

解　读取现场记录数据及零初始值处理程序 r _ uy _ p. m (MATLAB) 或者 r _ uy _ p. py (Python)，扫描二维码 4 - 9 获取。

读取的数据及零初值处理后的结果如图 4 - 12(c)、图 4 - 12(d) 所示。

选择Ⅰ型模型结构，选择论域如下

$$K \in (-20,0) \qquad T \in (5,500) \qquad n \in (2,5)$$

辨识结果如下

$$G(s) = \frac{-11.4}{(195s+1)^3}$$

辨识结果响应曲线如图 4 - 13、图 4 - 14 所示。

选择Ⅲ型模型结构，选择论域如下

$$K \in (-20,0) \qquad \tau \in (5,200) \qquad T \in (20,200) \qquad n=3$$

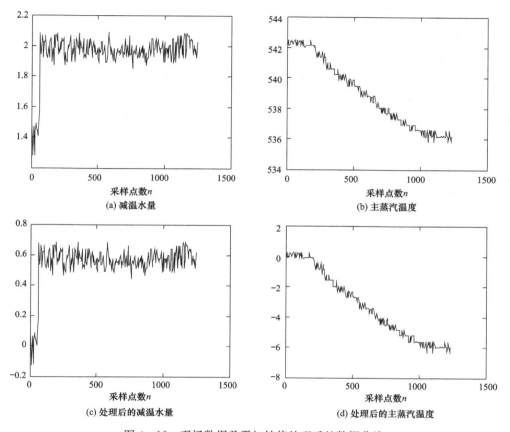

图 4-12 现场数据及零初始值处理后的数据曲线

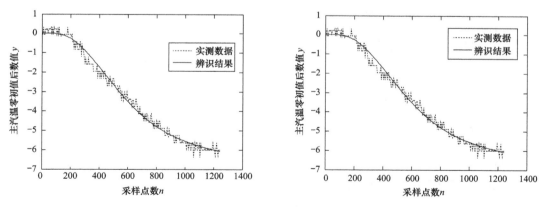

图 4-13 I型模型结构辨识结果与采集数据的对比　　图 4-14 Ⅲ型模型结构辨识结果与采集数据的对比

辨识结果如下

$$G(s) = \frac{-11.32}{(192.5s+1)^3} e^{-8.4s}$$

【例 4-3】　某 1000MW 超超临界火电机组，在 90% 负荷附近，负荷发生变动，相关参数变化的数据存放于文件 "uy-900-2010-8-21.txt" 中。试用粒子群优化算法辨识风煤比变化引起空预器进口氧量变化的数学模型。

扫描二维码 4-10 获取数据文件 uy-900-2010-8-21.txt。

文件中各变量名称如下：a1 为日期；a2 为时间；a3 为发电机功率；a4 为机前主蒸汽压力；a5 为末级过热器出口平均温度；a6 为左侧末级再热器出口压力；a7 为再热器出口汽温平均值；a8 为锅炉给水流量；a9 为总燃料量；a10 为水煤比；a11 为炉膛压力；a12 为空预器进口氧量均值；a13 为总风量；a14 为 #1 一次风机风量；a15 为 #1 一次风机动叶位置反馈；a16 为 #2 一次风机风量；a17 为 #2 一次风机动叶位置反馈；a18 为 #1 送风机风量；a19 为 #1 送风机动叶位置反馈；a20 为 #2 送风机风量；a21 为 #2 送风机动叶位置反馈；a22 为 #1 引风机风量；a23 为 #1 引风机动叶位置反馈；a24 为 #2 引风机风量；a25 为 #2 引风机动叶位置反馈。

读取现场记录数据及零初始值处理程序 readtxt.m（MATLAB）或者 readtxt.py（Python），扫描二维码 4-11 获取。

零初值处理前、后的输入和输出数据曲线如图 4-15（a）、（b）和图 4-15(c)、(d) 所示。

二维码4-10

数据文件

二维码4-11

读取现场记录数据
及零初始值处理
程序

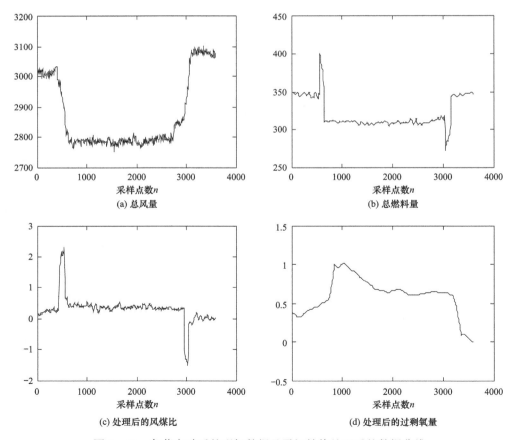

图 4-15　负荷变动后的现场数据及零初始值处理后的数据曲线

选择Ⅲ型模型结构，选择论域如下

$$K \in (0,2) \qquad \tau \in (5,500) \qquad T \in (5,500) \qquad n \in (2,5)$$

辨识结果如下

$$G(s) = \frac{1.2}{(133.3s+1)^3} e^{-175s}$$

辨识结果响应曲线如图 4-16 所示。

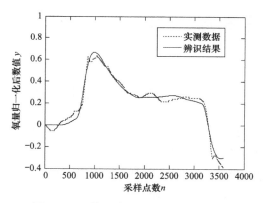

图 4-16　辨识结果与采集数据的对比

本 章 小 结

建立复杂过程或者对象的数学模型，不仅可以揭示其内部结构及机理，还能够为其他的研究工作服务。高准确度的数学模型是控制系统设计和控制参数整定的基础。

机理建模和数据驱动建模是目前常见的两类建模方法，分别适合于不同的建模场合，相对而言，数据驱动的建模方法更适合当下的需求，但是其模型对于数据过度敏感，容易受到噪声的影响。如何提高模型的泛化能力在很大程度上影响着算法的未来。

近些年，结合两者优点的混合模型逐渐成为研究的热点，根据机理模型和数据驱动模型组合方式的不同，混合模型可以呈现不同的特征，通过优化组合方式、组合程度来满足建模要求。

数字孪生是建模与仿真的高阶阶段，数字孪生技术在电力行业尤其是发电行业的应用正在快速展开，解决问题的难点在于孪生数据模型以及孪生模型如何通过实时演化达到和被模拟的过程同步的目的。虽然孪生技术还有待进一步突破，但是其对原有生产方式的革命已经令人无比期待。

实 验 题

已知火电机组在 100％负荷工况下得到的蒸汽量变化对应汽包水位变化的传递函数为

$$G(s) = \frac{3.6}{1+15s} \frac{0.037}{s}$$

试用单纯形法、遗传算法、粒子群、蚁群算法辨识该对象。

第5章 模 糊 控 制

5.1 模 糊 控 制 概 述

客观世界千变万化、错综复杂，人们对于客观世界的认知和描述并不像逻辑推理那么精确，"模糊"更适合表现人们对于事物的认识、理解和决策。模糊控制理论正是基于这种客观事物的"模糊"思想产生的，美国学者扎德（Zadeh）教授于 1965 年发表了《模糊集合论》，提出用"隶属函数"这个概念来描述现象差异的中间过渡，从而突破了古典集合论中属于或不属于的绝对关系，开创了模糊数学。模糊控制是以模糊数学为基础，用模糊语言变量组成模糊命题，用模糊语言规则描述知识和经验，通过模糊推理实现复杂过程控制的方法。

20 世纪 60 年代，随着扎德教授提出"模糊集合"的概念，模糊理论逐步建立，在理论创立初期，其严谨性受到质疑，但并未受到重视。

20 世纪 70 年代，扎德教授在模糊数学理论的基础上建立了模糊控制的基础理论，提出了用模糊 IF - THEN 规则来量化人类知识。1975 年，马丹尼（Mamdani）和阿斯廉（Assilian）创立了模糊控制器的基本框架，并将模糊控制器用于控制蒸汽机，同时期的模糊水泥窑控制器的建立也进一步验证了模糊控制器可以用于复杂工业过程。模糊控制器的应用案例吸引了越来越多的学者投入其理论及应用研究。

20 世纪 80 年代，模糊控制理论在诸多行业得到成熟应用，日立公司在仙台地铁开发了模糊控制系统，创造了世界上最先进的地铁系统。另外，模糊洗衣机、模糊机器人手臂、模糊倒立摆控制、模糊控制的水净化工厂等成果应用，极大地促进了模糊控制的蓬勃发展。

20 世纪 90 年代，IEEE 召开了第一届关于模糊系统的国际会议（FUZZ - IEEE），标志着模糊理论已被 IEEE 接受，并且创办了专刊《IEEE 模糊系统汇刊》（*IEEE Transaction on Fuzzy System*），同时模糊控制与其他学科的交叉发展和融合在此之后得到了充分的发展，模糊 PID 控制、模糊神经网络控制、模糊滑模控制、自适应模糊控制等模糊理论及系统与控制理论的结合表现出强大的生命力。

本章针对模糊控制的数学基础、基本模糊控制器设计、带自调整因子的模糊控制器设计、模糊与 PID 复合控制理论的结合展开介绍。

5.2　模糊控制的数学基础

5.2.1　"模糊"的概念

在客观世界中普遍存在着三种现象：确定现象、随机现象和模糊现象。数学是人类对各种客观现象的度量特征认识在某种概念上的反映。

模糊数学又称 Fuzzy 数学。"模糊"二字译自英文"Fuzzy"一词，该词除有模糊意思外，还有"不分明"等含义。在康托尔（Cantor）集合论中，一个对象对于一个集合来说，要么属于，要么不属于，二者必居其一，绝对不允许模棱两可。这种集合论只能表现"非此即彼"的确定现象。但是在客观事物中很多都具有"亦此亦彼"性。例如，"年轻"与"不年轻"、"高个子"与"矮个子"等，都没有绝对分明的界限。很难说 40 岁的人是不是"年轻"。诸如此类的现象都没有明确的外延。通常把没有明确外延的现象称为模糊现象。那么上述这些现象便是模糊现象。模糊现象本来是在现实生活中大量存在、司空见惯的东西。模糊现象不能用康托尔集合论来描述，扎德创立的《模糊集合论》是用精确的数学语言描述模糊现象。因此模糊数学是研究和处理模糊现象的数学。

扎德教授将模糊性和集合论统一起来，在不放弃集合数学严格性的同时，吸取人脑思维中对于模糊现象认识和推理的优点，提出了"模糊集合"的概念，这标志着模糊数学的正式诞生。模糊数学大大扩展了科学技术领域，并在很多领域得到了广泛的应用。扎德教授这一开创性的工作，标志着"模糊数学"这一新的分支的诞生。

控制论的创始人维纳（Wiener）在谈到人胜过任何最完美的机器时，说："人具有运用模糊概念的能力"。人脑的重要特点之一就是能对模糊事物进行识别和判断。如何使用计算机模拟人脑思维的模糊性特点，使部分自然语言作为算法语言直接进入计算机程序，让计算机完成更复杂的任务，这正是模糊数学产生的直接背景。

模糊数学产生后，客观事物的确定性和不确定性在量的方面可做如下划分：

$$量\begin{cases}确定性——经典数学 \\ 不确定性\begin{cases}随机性——统计数学 \\ 模糊性——Fuzzy 数学\end{cases}\end{cases}$$

这里必须指出的是，尽管随机性和模糊性都是对事物不确定性的描述，但二者是有区别的。概率论研究和处理随机现象所研究的事件本身有着明确的含义，只是由于条件不充分，使得在条件与事件之间不能表现决定性的因果关系，这种在事件的出现与否上表现出的不确定性称为随机性。在［0，1］上取值的概率分布函数就描述了这种随机性。

模糊数学用于研究和处理模糊现象，所研究的事物的概念本身是模糊的，即一个对象是否符合这个概念难以确定，这种由于概念外延的模糊造成的不确定性称为模糊性（Fuzziness）。在［0，1］上取值的隶属函数就描述了这种模糊性。

模糊数学在理论上还处于不断发展和完善阶段，其应用日益广泛。它在聚类分析、图像识别、自动控制、故障诊断、系统评价、机器人、人工智能等多方面得到了应用。

5.2.2 模糊集合及其运算

1. 模糊集合的概念及定义

定义 5.1 论域 U 中的模糊子集 A，是以隶属函数 μ_A 为表征的集合。即由如下映射确定论域 U 中的一个模糊子集 A。

$$\mu_A : U \to [0,1] \tag{5-1}$$

式中：μ_A 为模糊子集的隶属函数；$\mu_A(u)$ 为 u 对 A 的隶属度，表示论域 U 中的元素 u 属于模糊子集 A 的程度，它在 $[0,1]$ 闭区间内可连续取值，隶属度也可简记为 $A(u)$。

【例 5-1】 考虑周围的环境温度，其范围为 $-10℃ < T < 42℃$，分布建立"冷""暖""热"模糊集合。

解 根据经验，几个模糊集合可以表示为

$$"冷" = \frac{1}{-10} + \frac{0.95}{-8} + \frac{0.5}{-5} + \frac{0.2}{0} + \frac{0}{5}$$

$$"暖" = \frac{0}{10} + \frac{0.5}{15} + \frac{1}{20} + \frac{0.5}{25} + \frac{0}{30}$$

$$"热" = \frac{0}{25} + \frac{0.4}{30} + \frac{0.7}{33} + \frac{0.9}{38} + \frac{1}{42}$$

上面的表达式里"—"并不表示"分数"，而是表示论域中的元素 u_i 与隶属度 $A(u_i)$ 之间的对应关系；"+"也并不表示"求和"，而是表示模糊集合的整体。

定义 5.2 在给定论域 U 中，对于不同的映射（即不同的隶属函数）可以确定不同的模糊子集。所有这些子集组成的模糊集合的全体称为 U 的模糊幂集，记为 $F(U)$，即

$$F(U) = \{A \mid \mu_A : U \to [0,1]\} \tag{5-2}$$

关于模糊子集 A 和隶属函数 μ_A 需做如下几点补充说明：

（1）论域 U 中的元素是分明的，即 U 本身是普通集合，只是 U 的子集是模糊集合，故称 A 为 U 的模糊子集，简称模糊集。

（2）$\mu_A(u)$ 的值越接近 1，表示 u 从属于 A 的程度越大；反之，$\mu_A(u)$ 的值越接近 0，表示 u 从属于 A 的程度越小。当 $\mu_A(u)$ 的值域为 $\{0, 1\}$ 时，隶属函数 $\mu_A(u)$ 已蜕变为普通集合的特征函数，模糊集合 A 蜕变为一个清晰集合。因此，概括经典集合和模糊集合间的互变关系为：模糊集合是在概念上的拓展，或者说清晰集合是模糊集合的一种特殊形式；而隶属函数是特征函数的扩展，或者说特征函数只是隶属函数的一个特例。

（3）模糊集合完全由它的隶属函数刻画。隶属函数是模糊数学的最基本概念，借助于隶属函数才能对模糊集合进行量化。正确地确定隶属函数，是使模糊集合恰当表达模糊概念的关键，也是利用精确的数学方法分析处理模糊信息的基础。

2. 模糊集合的表示方法

（1）U 为有限集 $\{u_1, u_2, \cdots, u_n\}$ 时模糊子集 A 的表示。

1）扎德表示法

$$A = \frac{A(u_1)}{u_1} + \frac{A(u_2)}{u_2} + \cdots + \frac{A(u_n)}{u_n} \tag{5-3}$$

注意：$\dfrac{A(u_1)}{u_1}$ 并不表示"分数"，而是表示论域中的元素 u_i 与隶属度 $A(u_i)$ 之间的对应关系；"+"也不表示"求和"，而是表示模糊集合在论域 U 上的整体。

【例 5-2】　考虑论域 $U=\{1,2,3,4,5,6,7,8,9,10\}$，用 A 表示模糊概念"几个"。

解　根据经验，A 可以表示为

$$A=\frac{0}{1}+\frac{0.01}{2}+\frac{0.3}{3}+\frac{0.7}{4}+\frac{1}{5}+\frac{1}{6}+\frac{0.7}{7}+\frac{0.3}{8}+\frac{0.01}{9}+\frac{0}{10}$$

由上式可知，5、6 的隶属度为 1，说明用 5、6 描述"几个"最合适；而 4、7 对于"几个"的隶属度为 0.7；通常不采用 1、2 或 9、10 表示"几个"，因为它们的隶属度很低，甚至为 0。

2）序偶表示法。将论域中的元素 u_i 与隶属度 $A(u_i)$ 构成序偶来表示 A，则

$$A=\{[u_1,A(u_1)],[u_2,A(u_2)],\cdots,[u_n,A(u_n)]\}$$

【例 5-3】　采用序偶表示法，表示例 5-2 中的 A。

解　$A=\{(2,0.01),(3,0.3),(4,0.7),(5,1),(6,1),(7,0.7),(8,0.3),(9,0.01)\}$

注意：采用扎德表示法或序偶表示法，隶属度为 0 的项可以不写。

3）向量表示法。将论域中各元素的隶属度 $A(u_i)$ 写成向量的形式，则

$$A=[A(u_1),A(u_2),\cdots,A(u_n)] \tag{5-4}$$

【例 5-4】　采用向量表示法，表示例 5-2 中的 A。

解　　　　　　　$A=(0,0.01,0.3,0.7,1,1,0.7,0.3,0.01,0)$

注意：在向量表示法中，隶属度为 0 的项不能省略。

（2）U 为连续域时 A 的表示。

扎德给出如下表示方法

$$A=\int\frac{\mu_A(u)}{u} \tag{5-5}$$

注意：$\dfrac{\mu_A(u)}{u}$ 并不表示"分数"，而是表示论域上的元素 u 与隶属度 $\mu_A(u)$ 之间的对应关系；$\int$ 并不表示"积分"，而是表示论域上的元素 u 与隶属度 $\mu_A(u)$ 对应关系的总括。

3. 模糊集合的运算

对于模糊集合，元素与集合之间不存在属于或不属于的明确关系，但是集合与集合之间存在相等、包含或与经典集合论一样的集合运算（如并、交、补等）。下面分别给予介绍。

定义 5.3　设 A、B 是论域 U 的模糊集，即 $A,B\in F(U)$，若对任一 $u\in U$ 都有 $B(u)\leqslant A(u)$，则称 B 是 A 的一个子集，记作 $B\subseteq A$。若对任一 $u\in U$ 都有 $B(u)=A(u)$，则称 B 等于 A，记作 $B=A$。

模糊集合的运算与经典集合的运算相类似，只是利用集合中的特征函数或隶属函数来定义类似的操作。设 A、B 为论域 U 中的两个模糊子集，隶属函数分别为 $\mu_A(u)$ 和 $\mu_B(u)$，则模糊集合中的并、交、补等运算可以按如下方式定义。

定义 5.4　并：并（$A\cup B$）的隶属函数 $\mu_{A\cup B}$ 对所有 $u\in U$ 被逐点定义为取大运算，即

$$\mu_{A \cup B} = \mu_A(u) \vee \mu_B(u) \tag{5-6}$$

式中：符号"$\vee$"为取大值运算。

定义 5.5 交：交（$A \cap B$）的隶属函数 $\mu_{A \cap B}$ 对所有 $u \in U$ 被逐点定义为取小运算，即

$$\mu_{A \cap B} = \mu_A(u) \wedge \mu_B(u) \tag{5-7}$$

式中：符号"$\wedge$"为取小值运算。

定义 5.6 补：模糊集合 A 的补隶属函数 $\mu_{\overline{A}}$ 对所有 $u \in U$ 被逐点定义为

$$\mu_{\overline{A}} = 1 - \mu_A(u) \tag{5-8}$$

【例 5-5】 设论域 $U = \{u_1, u_2, u_3, u_4, u_5\}$ 中的两个模糊子集为

$$A = \frac{0.6}{u_1} + \frac{0.5}{u_2} + \frac{1}{u_3} + \frac{0.4}{u_4} + \frac{0.3}{u_5}$$

$$B = \frac{0.5}{u_1} + \frac{0.6}{u_2} + \frac{0.3}{u_3} + \frac{0.4}{u_4} + \frac{0.7}{u_5}$$

试计算 $A \cup B$ 和 $A \cap B$。

解 $A \cup B = \dfrac{0.6 \vee 0.5}{u_1} + \dfrac{0.5 \vee 0.6}{u_2} + \dfrac{1 \vee 0.3}{u_3} + \dfrac{0.4 \vee 0.4}{u_4} + \dfrac{0.3 \vee 0.7}{u_5}$

$$= \frac{0.6}{u_1} + \frac{0.6}{u_2} + \frac{1}{u_3} + \frac{0.4}{u_4} + \frac{0.7}{u_5}$$

$$A \cap B = \frac{0.6 \wedge 0.5}{u_1} + \frac{0.5 \wedge 0.6}{u_2} + \frac{1 \wedge 0.3}{u_3} + \frac{0.4 \wedge 0.4}{u_4} + \frac{0.3 \wedge 0.7}{u_5}$$

$$= \frac{0.5}{u_1} + \frac{0.5}{u_2} + \frac{0.3}{u_3} + \frac{0.4}{u_4} + \frac{0.3}{u_5}$$

从上面模糊集合的运算过程可以看出，模糊集合的运算本质上是其隶属函数的运算。在"交"和"并"运算中，除了分别对相应集合的隶属度"取小"和"取大"外，还可以采用其他的隶属度运算方式。例如：

对于"交"运算，如果采用代数积，则有

$$\mu_{A \cap B}(u) \xlongequal{\triangle} \mu_A(u) \cdot \mu_B(u) \tag{5-9}$$

如果采用有界积，则有

$$\mu_{A \cap B}(u) \xlongequal{\triangle} \max\{0, \mu_A(u) + \mu_B(u) - 1\} \tag{5-10}$$

对于"并"运算，如果采用代数和，则有

$$\mu_{A \cup B}(u) \xlongequal{\triangle} \mu_A(u) + \mu_B(u) - \mu_A(u) \cdot \mu_B(u) \tag{5-11}$$

如果采用有界和，则有

$$\mu_{A \cup B}(u) \xlongequal{\triangle} \min\{1, \mu_A(u) + \mu_B(u)\} \tag{5-12}$$

上述模糊算子在设计模糊控制器时会用到。

4. 模糊集合运算的基本性质

若 A、B、C 为论域 U 上的模糊子集，则其仅满足以下性质：

（1）幂等律 $A \cup A = A$ $A \cap A = A$

（2）交换律 $A \cup B = B \cup A$ $A \cap B = B \cap A$

（3）结合律 $(A \cup B) \cup C = A \cup (B \cup C)$ $(A \cap B) \cap C = A \cap (B \cap C)$

（4）分配律　$A \cap (B \cup C) = (A \cap B) \cup (A \cap C)$

$A \cup (B \cap C) = (A \cup B) \cap (A \cup C)$

（5）吸收律　$A \cap (A \cup B) = A$　　　$A \cup (A \cap B) = A$

（6）同一律　$A \cup U = U$　　　　　$A \cap U = A$

（两极律）　$A \cup \varnothing = A$　　　　　$A \cap \varnothing = \varnothing$

（7）复原律　$(A^c)^c = A$

（8）对偶律　$(A \cup B)^c = A^c \cap B^c$　　　$(A \cap B)^c = A^c \cup B^c$

此外，模糊集合还具备分解定理、表现定理与扩张定理，属于模糊集合理论的 3 个基本定理。通过 3 个定理可以建立模糊数学与经典数学之间的桥梁。利用分解定理，可以将所研究的模糊对象分解为一系列与之相对应的经典问题来处理；利用表现定理，可以求得经典问题的解来研究模糊问题的求解方法；利用扩张定理，可以将经典的方法进行推广。

5.2.3　隶属函数及其确定方法

正确地确定隶属函数，是运用模糊集合理论解决实际问题的基础。

模糊集合的元素无论是离散的还是连续的，其模糊特性无论用什么数学形式表达，最终都是用函数的图解方法表示。用隶属函数来描述基本上反映了模糊集合的模糊性，因此这种描述也体现了集合的模糊特性和运算本质。

前述定义表明，论域 U 上的模糊子集 A 由隶属函数 $\mu_A(u)$ 来表征，$\mu_A(u)$ 的取值范围为闭区间 $[0, 1]$，$\mu_A(u)$ 的大小反映了 u 对于模糊子集 A 的隶属程度，即：

$\mu_A(u)$ 的值越接近于 1，表示 u 属于 A 的程度越高；$\mu_A(u) = 1$，表示 u 完全属于 A。

$\mu_A(u)$ 的值越接近于 0，表示 u 属于 A 的程度越低；$\mu_A(u) = 0$，表示 u 完全不属于 A。

由此可见，一个模糊子集可以完全由其隶属函数描述。

隶属函数是对模糊概念的定量描述，虽然遇到的模糊概念不胜枚举，但无法准确找到反映模糊概念的模糊集合的隶属函数统一的模式。

隶属函数的确立过程，本质上说是客观的。但是，每个人对于同一个模糊概念的认识理解又有差异，因此隶属函数的确定又带有主观性。

一般是根据经验或统计方法确定隶属函数，也可由专家给出。例如，体操裁判的评分尽管带有一定的主观性，但却反映了裁判员丰富的实际经验。

对于同一个模糊概念，不同的人会建立不完全相同的隶属函数，尽管形式不完全相同，但只要能反映同一模糊概念，在解决和处理含有模糊信息的实际问题中仍然殊途同归。

事实上，不可能存在对任何问题和任何人都适用的确定隶属函数的统一方法，因为模糊集合实质上是依赖于主观来描述客观事物概念外延的模糊性。可以设想，如果有对每个人都适用的确定隶属函数的方法，那么所谓的"模糊性"也就根本不存在了。

1. 隶属函数选择原则

隶属函数的正确选择将有助于问题的解决，现给出 3 条必须遵守的原则。

（1）表示隶属函数的模糊集合必须是凸模糊集合。一般来说，在一定范围内或一定条件下，所用语言的语义分析中的模糊概念的隶属度具有相当的稳定性，所以根据专家经验确定的隶属函数有一定的可信度，尤其是最大隶属度中心点或区域的确定。然而，从最大向两边模糊点延伸的隶属度可能差别较大，它们的确定可以根据实际情况以及人们经验的不同而不同。以温度为例，要确定"舒适"温度的隶属函数，某人可以根据自身经验表示如下

$$M = \frac{0.25}{0} + \frac{0.5}{10} + \frac{1.0}{20} + \frac{0.5}{30} + \frac{0.25}{40}$$

其中30℃的隶属度可能确定为0.5，也可以将其隶属度确定为0.4，甚至是0.6。从连接各点后经过平滑处理的特征曲线来看，隶属度变化越大，该曲线变得越陡峭；隶属度变化越小，曲线越平坦。从控制角度看，曲线越平坦，其响应灵敏度和分辨率越低，但控制平滑性越好；反之亦然。所以这是一种"大处确定，小处含糊"的处理策略。尽管小处可以含糊，但是必须遵守一条原则，就是：由最大隶属度区域向两边延伸，其隶属度只能单调递减，不允许呈波浪形。这实际上是很好理解的，比如将30℃的隶属度定为0.5，将40℃的隶属度定为0.6，也就是说，认为20℃左右是"舒适"温度的情况下，又认为40℃比30℃更接近于"舒适"温度，这显然不合逻辑。这就要求所确定的隶属函数必须是呈单峰"馒头"形，用数学语言说，就是要求是凸模糊集合。这是第一个要遵守的原则。在实际应用中为了简化计算，常把隶属函数设定成三角形或梯形，这既简单又满足凸模糊集合要求。

（2）变量所取隶属函数通常是对称和平衡的。在模糊系统中，每个语言变量可取多个语言值（语言变量稍后作介绍）。一般情况下，描述变量的语言值越多，论域中的隶属函数的密度越大，模糊控制系统的分辨率越高，其相应的控制结果越平滑，同时计算时间也大大增加。反之则出现相反的效果，甚至有时系统输入会在希望值附近振荡。实践证明，变量的语言值取奇数个，在零或正负集合两边语言值的隶属函数通常是对称和平衡的。这就是说，设计了变量"温度"的模糊区域"低"，那么一般就有模糊区域"高"与之对应，而中间状态一般是"正常"区域，这也符合人的正常思维。

（3）隶属函数要遵循语义顺序和避免不恰当的重叠。在相同论域上，使用具有语义顺序关系的若干语言值的模糊集合，其排列一定要遵循语义顺序，不能违背常识和经验。例如，把"暖"和"热"的位置对调一下就不合适了。同时由中心值向两边延伸的范围也有限制，间隔的两个模糊集合的隶属函数不能相互重叠，这显然与人的感觉相矛盾。

在一个模糊控制系统中，隶属函数之间的重叠程度直接影响着系统的性能。一种极端情况，如果隶属函数没有重叠，该模糊系统就退化为一般的基于布尔逻辑的系统。当有多个隶属函数重叠时，给一个确切的输入值，就会同时激活多个规则。如果隶属函数之间不恰当地重叠，就可能导致模糊控制系统产生随意的混乱行为，一般来说，当两个隶属函数重叠时，重叠部分的任何点的隶属函数之和应不大于1。因此在大多数实例中，都采用相同斜率的三角形以避免产生交叉越界现象。

相邻两个隶属函数有重叠时，需要遵循的原则为，尽量避开最大隶属度取值的位置，并且重叠部分的任何点的隶属函数的和应不大于1。

2. 隶属函数的确定方法

下面介绍四种常用的确定隶属函数的方法。对于同一个模糊集合，不同方法得到的隶属函数不同，但检验建立的隶属函数是否合适，需要看其是否符合实际，以及在实际应用中的效果。

（1）模糊统计法。在有些情况下，隶属函数可以通过模糊统计试验的方法来确定，利用统计与计算概率来获得隶属函数。模糊统计法的基本思想是对论域 U 上的一个元素 u 模糊集 A 的隶属概率进行调查统计，随着统计次数的增大，隶属概率趋于稳定。

模糊统计法的计算步骤是：

在每次统计中，u 是固定的，模糊集合 A 是确定的。做 n 次试验，其模糊统计可按下式进行计算，u 对 A 的隶属频率＝$u \in A$ 的次数/试验总次数 n。

随着 n 的增大，隶属频率也会趋向稳定，这个稳定值就 u 是 A 对的隶属度值。这种方法较直观地反映了模糊概念中的隶属程度，但其计算量相当大。

接下来，以确定模糊集合"气温暖和"的隶属度为例，描述一下模糊统计法的具体过程。

1）以常见的气温作为论域 U，比如（$-18℃$，$40℃$），对 n 个人选进行调查统计。

2）请他们对"气温暖和"给出最合理的气温范围。

3）对于确定的温度，$15℃$，若 m 个人都认为在"气温暖和"的范围内，则可以计算 m/n 是 $15℃$ 对于"气温暖和"的隶属度值。

4）随着 n 的增大，隶属度值会趋向稳定，最终可以确定"气温暖和"的隶属函数。

（2）二元对比排序法。二元对比排序法是一种较实用的确定隶属函数的方法，它通过对多个事物之间的两两对比，确定某种特征下的顺序，由此决定该特征的隶属函数的形状。

设论域 U 中的元素为 u_1，u_2，$\cdots$，u_n，要对这些元素按某种特征进行排序。首先，在二元对比中建立比较等级，再用一定的方法进行总体排序，以获得各元素对该特性的隶属度。步骤如下：

1）求元素的相对等级。将 u_1 和 u_2 比较，记 u_1 具有某特征的程度为 $g_{u_2}(u_1)$，u_2 具有该特征的程度为 $g_{u_1}(u_2)$。

2）构造相关矩阵。令

$$g(u_1/u_2) = \frac{g_{u_2}(u_1)}{\max\{g_{u_2}(u_1), g_{u_1}(u_2)\}} \tag{5-13}$$

且定义 $g_{u_i}(u_i) = 1$，得到相关矩阵 $\boldsymbol{G}$ 为

$$\boldsymbol{G} = \begin{bmatrix} 1 & g(u_1/u_2) \\ g(u_2/u_1) & 1 \end{bmatrix} \tag{5-14}$$

对于 n 个元素（u_1，u_2，$\cdots$，u_n）的两两比较，相关矩阵可表示为

$$\boldsymbol{G} = \begin{bmatrix} 1 & g(u_1/u_2) & g(u_1/u_3) & \cdots & g(u_1/u_n) \\ g(u_2/u_1) & 1 & g(u_2/u_3) & \cdots & g(u_2/u_n) \\ g(u_3/u_1) & g(u_3/u_2) & 1 & \cdots & g(u_3/u_n) \\ \vdots & \vdots & \vdots & & \vdots \\ g(u_n/u_1) & g(u_n/u_2) & g(u_n/u_3) & \cdots & 1 \end{bmatrix} \tag{5-15}$$

3）求取各元素的隶属度。对 $\boldsymbol{G}$ 的每一行取最小值，并按大小排序，即可得到元素（u_1，u_2，$\cdots$，u_n）对该特征的隶属度。

【例 5 - 6】 设论域 $U = \{u_1, u_2, u_3, u_0\}$，其中 u_1 表示长子，u_2 表示次子，u_3 表示三子，u_0 表示父亲。如果考虑长子和次子与父亲的相似问题，则长子相似父亲的程度为 0.8，次子相似父亲的程度为 0.5；如果仅考虑次子和三子，则次子相似父亲的程度为 0.4，三子相似父亲的程度为 0.7；如果仅考虑长子和三子，则长子相似父亲的程度为 0.5，三子相似父亲的程度为 0.3。

解 按照"谁相似父亲"这一原则排序，可得

$$g_{u_2}(u_1) = 0.8, \quad g_{u_1}(u_2) = 0.5$$
$$g_{u_3}(u_2) = 0.4, \quad g_{u_2}(u_3) = 0.7$$
$$g_{u_3}(u_1) = 0.5, \quad g_{u_1}(u_3) = 0.3$$

相关矩阵 **G** 为

$$
\begin{array}{c}
\quad\quad u_1 \quad u_2 \quad u_3 \\
\begin{array}{c} u_1 \\ u_2 \\ u_3 \end{array}
\begin{bmatrix}
1 & 1 & 1 \\
5/8 & 1 & 4/7 \\
3/5 & 1 & 1
\end{bmatrix}
\end{array}
$$

对 **G** 的每一行取最小值，并按大小排序，得到

$$1 > 3/5 > 4/7$$

于是，得到如下结论：长子最相似父亲（隶属度为 1），三子次之（隶属度为 0.6），次子最不像父亲（隶属度为 0.57）。根据上述隶属度，可以确定模糊集合"相似"的隶属函数的形状。

（3）例证法。例证法是扎德在 1972 年提出的，主要思想是从已知有限个 μ_A 的值估计论域 U 上的模糊子集 A 的隶属函数。例如论域 U 是全体人类，A 是"高个子的人"，显然 A 是模糊子集。为了确定 μ_A，可先给出一个高度 h 值，然后选定几个语言真值（即一句话真的程度）中的一个，回答某人高度是否算"高"。如语言真值分为"真的""大致真的""似真又似假""大致假的""假的"。然后，分别用数字表示这些语言真值，分别为 1、0.75、0.5、0.25 和 0。对几个不同的高度 h_1、h_2、$\cdots$、h_n 作为样本进行询问，可以得到 A 的隶属函数 μ_A 的离散表示法。

（4）专家经验法。根据专家的实际经验确定隶属函数的方法称为专家经验法。例如郭荣江等利用模糊数学总结著名中医关幼波大夫的医疗经验，设计的《关幼波治疗肝病的计算机诊断程序》这一专家系统就是采用此种方法确定隶属函数的，获得了很好的效果。

设全体待诊病人为论域 U，令患有"脾虚性迁延性肝炎"的病人全体为模糊子集 A，A 的隶属函数为 μ_A。从 16 种症状中判断病人 u 是否患有此种疾病。这 16 种症状分别用 a_1、a_2、$\cdots$、a_{16} 表示。

将每一症状视为子集，则特征函数为

$$
\chi_{a_i}(u) = \begin{cases} 1 & \text{有症状 } a_i \\ 0 & \text{无症状 } a_i \end{cases}
$$

由医学知识和专家临床经验，对每一症状在患有"脾虚性迁延性肝炎"中所起的作用各赋予一定的权系数 a_1、a_2、$\cdots$、a_{16}。规定 A 的隶属函数为

$$\mu_A(u) = \frac{a_1 \chi_{a_1}(u) + a_2 \chi_{a_2}(u) + \cdots + a_{16} \chi_{a_{16}}(u)}{a_1 + a_2 + \cdots + a_{16}}$$

如病人 u_0 对 A 的隶属度为 $u_A(u_0)$，如果取阈值为 λ，$u_A(u_0) \geqslant \lambda$ 时就断言此人患"脾虚性迁延性肝炎"，否则不患此种病。

上述确定隶属函数的方法主要是根据专家的实际经验，加上必要的数学处理得到。在许多情况下，经常是初步确定粗略的隶属函数，然后再通过"学习"和实践检验逐步修改和完善，而实际效果正是检验和调整隶属函数的依据。

5.2.4　模糊关系与模糊矩阵

事物之间总存在一定的关系，有些关系是明确的，例如数学中描述自变量和因变量的函数关系；也有些关系是不明确的，例如距离的远近、温度的冷暖等。经典关系是直积上的子集，界限不明确的关系可以用直积上的模糊集来描述。

1. 模糊关系

（1）关系及其局限性。关系是客观世界存在的普遍现象，它描述了事物之间存在的某种联系。比如，人与人之间存在父子、师生、同事等关系；两个数字之间存在大于、等于或小于的关系；元素与集合之间存在属于或不属于的关系。

普通的关系只表示元素之间是否关联。但是，客观世界存在的很多关系是很难用"有"或"没有"这样简单的术语来划分的。比如，父与子之间的相像关系，就很难用像或不像来完整地描述，而只能说他们相像的程度。

上述关系可以用模糊关系来描述。模糊关系是普通关系的拓展，比普通关系的含义更丰富、更符合客观实际，因而，其应用也更为广泛。

前面已经给出，普通关系 R 是两个给定集合 X、Y 的直积 $X \times Y$ 的一个子集。

（2）模糊关系的定义及解释。

定义 5.7　设 U、V 是两个论域，从 U 到 V 的一个模糊关系是指定义在直积

$$U \times V = \{(u,v) \mid u \in U, v \in V\} \tag{5-16}$$

上的一个模糊集合 R，其隶属函数如下

$$\mu_R : U \times V \to [0,1] \tag{5-17}$$

序偶 (u, v) 的隶属度为 $\mu_R(u, v)$，表示 (u, v) 具有关系 R 的程度。

注意：

1）由上述定义可以看出，模糊关系也是一个模糊集合，其定义域为 $U \times V$，值域是 $[0，1]$。因此，模糊集合的表示方法、运算及其满足的性质都适用于模糊关系。

2）与以前的模糊集合不同的是，这里的自变量不再是一个，而是两个，且顺序不能交换。

3）上述定义由于涉及两个论域，因此称该模糊关系为二元模糊关系。

4）上述两个论域可以是相同的，也可以是不相同的。当 $U = V$ 时，称为 U 上的模糊关系 R。

5）可以将上述模糊关系推广到多个论域，当模糊集合 R 定义在直积 $U_1 \times U_2 \times \cdots \times U_n$ 上时，它即是 n 元模糊关系。

6）当序偶的隶属度只取 0 和 1 时，模糊关系就退化为普通关系。可见，模糊关系是普

通关系的推广，普通关系是模糊关系的特例。

【例 5-7】 设某地区人的身高论域为 $X = \{140，150，160，170，180\}$（单位：cm），体重论域为 $Y = \{40，50，60，70，80\}$（单位：kg）。身高与体重的关系见表 5-1，建立身高与体重之间的模糊关系。

表 5-1 　　　　　　　　　　某地区人的身高与体重的模糊关系

Y/kg　　　R　　X/cm	40	50	60	70	80
140	1	0.8	0.2	0.1	0
150	0.8	1	0.8	0.2	0.1
160	0.2	0.8	1	0.8	0.2
170	0.1	0.2	0.8	1	0.8
180	0	0.1	0.2	0.8	1

解 身高与体重的模糊关系 R，可以表示为

$$R = \frac{1}{(140,40)} + \frac{0.8}{(140,50)} + \cdots + \frac{1}{(180,80)}$$

通过表 5-1 确定 R 的隶属函数确实带有相当大的主观性，但与普通关系相比却客观多了。

7）模糊关系的对称、反对称、弱反对称、严格反对称和 α-反对称。

设 R 是 X 上的模糊关系，则

a. 如果 $\forall x，y \in X，R(x，y) = R^{-1}(x，y) = R(y，x)$，$R$ 是对称的。

b. 如果 $\forall x，y \in X，R(x，y) \wedge R(x，y) > 0 \Rightarrow x = y$ [等价的 $R(x，y) \wedge R(x，y) = 0，\forall x \neq y$]，$R$ 是反对称的。

c. 如果 $\forall x，y \in X，x \neq y \Rightarrow R(x，y) \neq R(x，y)$ 或 $R(x，y) = R(x，y) = 0$，R 是弱反对称的。

d. 如果 $\forall x，y \in X，R(x，y) \wedge R(x，y) = 0$，$R$ 是严格反对称的。

e. 如果 $\forall x，y \in X$，且 $x \neq y \Rightarrow |R(x，y) - R(x，y)| \geqslant \alpha，\alpha \in (0，1]$，$R$ 是 α-反对称的。

2. 模糊关系的合成

模糊关系的合成，是由两个或两个以上的关系构成一个新的关系，最常用的是最大-最小合成。

普通关系存在合成运算，如 A 和 B 是父子关系，B 和 C 是夫妻关系，则 A 和 C 就会形成一种新的关系，即公媳＝父子 · 夫妻。

定义 5.8 R 和 S 分别为 $U \times V$ 和 $V \times W$ 上的模糊关系，而 R 和 S 的合成是 $U \times W$ 上的模糊关系，记为 $R \circ S$，其隶属函数为

$$\mu_{R \circ S}(u,w) = \bigvee_{v \in V} \{\mu_R(u,v) \wedge \mu_S(v,w)\}，u \in U，w \in W \tag{5-18}$$

因取大和取小运算，故称为最大-最小合成。

注意：

1）模糊矩阵是有限论域上模糊关系的一种表示，所以模糊关系的运算与性质对模糊矩

阵也成立。

定义 5.9　模糊矩阵设有限集 $U=\{u_1,\ u_2,\ \cdots,\ u_m\}$，$V=\{v_1,\ v_2,\ \cdots,\ v_n\}$，以及 $R\in F\ (U\times V)$，将序偶 $(u_i,\ v_j)$ 的隶属度 $\mu_R\ (u_i,\ v_j)\in[0,\ 1]$ 记作 r_{ij}，则称 $R=(r_{ij})_{m\times n}$ 为模糊矩阵，$i=1,\ 2,\ \cdots,\ m$；$j=1,\ 2,\ \cdots,\ n$。

2）当 U、V、W 都是有限论域时，$U\times V$ 和 $V\times W$ 也是有限论域，从而 $U\times W$ 也是有限论域。此时，$R\circ S$ 可以采用相应的模糊矩阵合成得到。

3）由模糊矩阵的合成法则可知，模糊关系的合成和模糊矩阵的合成之间是一一对应的。因此，只要掌握其中一个，另外一个自然可以知道。

【例 5-8】　某家中子女和父母的长相"相似关系" R 为模糊关系，可表示为

	父	母
子	0.2	0.8
女	0.6	0.1

用模糊矩阵 R 表示为

$$R=\begin{bmatrix} 0.2 & 0.8 \\ 0.6 & 0.1 \end{bmatrix}$$

该家中，父母与祖父的"相似关系" S 也是模糊关系，可表示为

	祖父	祖母
父	0.5	0.7
母	0.1	0

用模糊矩阵 S 表示为

$$S=\begin{bmatrix} 0.5 & 0.7 \\ 0.1 & 0 \end{bmatrix}$$

那么在该家中，孙子、孙女与祖父、祖母的相似程度应该如何呢？

解　模糊关系的合成运算是为了解决诸如此类的问题而提出来的。现在，先给出问题的结果，再来明确其定义。

针对此例，模糊关系的合成运算为

$$\begin{aligned}
R\circ S &=\begin{bmatrix} 0.2 & 0.8 \\ 0.6 & 0.1 \end{bmatrix}\circ\begin{bmatrix} 0.5 & 0.7 \\ 0.1 & 0 \end{bmatrix} \\
&=\begin{bmatrix} (0.2\wedge 0.5)\vee(0.8\wedge 0.1) & (0.2\wedge 0.7)\vee(0.8\wedge 0) \\ (0.6\wedge 0.5)\vee(0.1\wedge 0.1) & (0.6\wedge 0.7)\vee(0.1\wedge 0) \end{bmatrix} \\
&=\begin{bmatrix} 0.2 & 0.2 \\ 0.5 & 0.6 \end{bmatrix}
\end{aligned}$$

该结果表明，孙子与祖父、祖母的相似程度分别为 0.2 和 0.2，而孙女与祖父、祖母的相似程度分别为 0.5 和 0.6。

3. 模糊矩阵的性质

（1）一个模糊关系虽然可以用模糊集合表达式表示，但比不上用模糊矩阵表示更为简

单明了，特别是在模糊关系的合成运算中。

（2）对于有限论域，模糊矩阵的元素 r_{ij} 表示相应的模糊关系的隶属度 $\mu_R(u_i, v_j)$，模糊关系与模糊矩阵是一一对应的，因此模糊矩阵具有与模糊关系相同的运算及性质，例如，相同论域上的模糊矩阵 $\boldsymbol{R}=(r_{ij})_{m\times n}$ 和 $\boldsymbol{S}=(r_{ij})_{m\times n}$ 的并、交和补运算如下

$$\begin{cases} \boldsymbol{R} \cup \boldsymbol{S}=(r_{ij} \vee s_{ij})_{m\times n} \\ \boldsymbol{R} \cap \boldsymbol{S}=(r_{ij} \wedge s_{ij})_{m\times n} \\ \boldsymbol{R}^c=(1-r_{ij})_{m\times n} \end{cases} \tag{5-19}$$

【例 5-9】 相同论域上的两个模糊矩阵 $\boldsymbol{R}$ 和 $\boldsymbol{S}$ 分别为

$$\boldsymbol{R}=\begin{bmatrix} 0.7 & 0.5 \\ 0.9 & 0.2 \end{bmatrix} \qquad \boldsymbol{S}=\begin{bmatrix} 0.4 & 0.3 \\ 0.6 & 0.8 \end{bmatrix}$$

试计算 $\boldsymbol{R}\cup\boldsymbol{S}$、$\boldsymbol{R}\cap\boldsymbol{S}$ 和 $\boldsymbol{R}^c$。

解
$$\boldsymbol{R} \cup \boldsymbol{S}=\begin{bmatrix} 0.7 \vee 0.4 & 0.5 \vee 0.3 \\ 0.9 \vee 0.6 & 0.2 \vee 0.8 \end{bmatrix}=\begin{bmatrix} 0.7 & 0.5 \\ 0.9 & 0.8 \end{bmatrix}$$

$$\boldsymbol{R} \cap \boldsymbol{S}=\begin{bmatrix} 0.7 \wedge 0.4 & 0.5 \wedge 0.3 \\ 0.9 \wedge 0.6 & 0.2 \wedge 0.8 \end{bmatrix}=\begin{bmatrix} 0.4 & 0.3 \\ 0.6 & 0.2 \end{bmatrix}$$

$$\boldsymbol{R}^c=\begin{bmatrix} 1-0.7 & 1-0.5 \\ 1-0.9 & 1-0.2 \end{bmatrix}=\begin{bmatrix} 0.3 & 0.5 \\ 0.1 & 0.8 \end{bmatrix}$$

（3）并、交运算可以推广到多个模糊矩阵的情形。设有指标集 T，$R^{(t)}=(r_{ij}^{(t)})_{m\times n}$，$t\in T$，则有

$$\bigcup_{t\in T} R^{(t)} \xlongequal{\triangle} \left(\bigvee_{t\in T} r_{ij}^{(t)}\right)_{m\times n}$$

$$\bigcap_{t\in T} R^{(t)} \xlongequal{\triangle} \left(\bigwedge_{t\in T} r_{ij}^{(t)}\right)_{m\times n} \tag{5-20}$$

（4）模糊矩阵的合成。设 $\boldsymbol{R}=(r_{ij})_{m\times n}$，$\boldsymbol{S}=(s_{jk})_{n\times l}$ 是两个模糊矩阵，那么它们的合成 $\boldsymbol{R}\circ\boldsymbol{S}$ 是一个 m 行 l 列的模糊矩阵，其第 i 行第 k 列的元素等于 $\boldsymbol{R}$ 的第 i 行元素与 $\boldsymbol{S}$ 的第 k 列对应元素，两两先取较小者，然后在所得结果中取较大者，即 $\bigvee_{j=1}^{n}(r_{ij} \wedge s_{jk})$。

注意：并非任何两个模糊矩阵都可以合成，合成的前提是第一个矩阵的列数与第二个矩阵的行数相等，这与通常的两个矩阵相乘类似。

模糊矩阵的合成存在下面的运算性质

结合律：$(\boldsymbol{Q}\circ\boldsymbol{R})\circ\boldsymbol{S}=\boldsymbol{Q}\circ(\boldsymbol{R}\circ\boldsymbol{S})$

分配律：$(\boldsymbol{Q}\cup\boldsymbol{R})\circ\boldsymbol{S}=(\boldsymbol{Q}\circ\boldsymbol{S})\cup(\boldsymbol{R}\circ\boldsymbol{S})$； $\boldsymbol{S}\circ(\boldsymbol{Q}\cup\boldsymbol{R})=(\boldsymbol{S}\circ\boldsymbol{Q})\cup(\boldsymbol{S}\circ\boldsymbol{R})$。

注意：

（1）交运算不满足关于合成的分配律，而是

$$(\boldsymbol{Q}\cap\boldsymbol{R})\circ\boldsymbol{S}\subseteq(\boldsymbol{Q}\circ\boldsymbol{S})\cap(\boldsymbol{R}\circ\boldsymbol{S})$$

$$\boldsymbol{S}\circ(\boldsymbol{Q}\cap\boldsymbol{R})\subseteq(\boldsymbol{S}\circ\boldsymbol{Q})\cap(\boldsymbol{S}\circ\boldsymbol{R})$$

（2）合成运算不满足交换律，即一般情况下有

$$\boldsymbol{R}\circ\boldsymbol{S}\neq\boldsymbol{S}\circ\boldsymbol{R}$$

【例 5-10】 设

$$\boldsymbol{R} = \begin{bmatrix} 0.5 & 0.9 \\ 0.7 & 0.3 \end{bmatrix} \quad \boldsymbol{S} = \begin{bmatrix} 0.6 & 0.8 \\ 0.2 & 0.7 \end{bmatrix}$$

分别计算 $\boldsymbol{R} \circ \boldsymbol{S}$ 和 $\boldsymbol{S} \circ \boldsymbol{R}$，并分析两者是否相同。

解
$$\boldsymbol{R} \circ \boldsymbol{S} = \begin{bmatrix} 0.5 & 0.7 \\ 0.6 & 0.7 \end{bmatrix}$$

$$\boldsymbol{S} \circ \boldsymbol{R} = \begin{bmatrix} 0.7 & 0.6 \\ 0.7 & 0.7 \end{bmatrix}$$

可见，$\boldsymbol{R} \circ \boldsymbol{S} \neq \boldsymbol{S} \circ \boldsymbol{R}$。

4. 模糊关系方程

模糊关系方程理论由桑切斯（Sanchez）提出，利用模糊关系方程可以实现由已知模糊关系和模糊集合求取未知模糊集合的过程。

定义 5.10 模糊关系方程，设 U、V、W 为非空模糊集合，已知模糊关系 $R \in F(U \times V)$ 与 $S \in F(U \times W)$，而模糊关系 $X \in F(V \times W)$ 未知且满足
$$R * X = S$$
或已知 $R \in F(U \times V)$ 与 $S \in F(U \times W)$，求 $X \in F(V \times W)$，使得
$$R * X = S$$
称 $R * X = S$ 是关于 X 的模糊关系方程，其中 $*$ 是模糊关系的合成运算。

合成运算 $*$ 不同，模糊关系方程的类型也不同。常见的主要是 $\vee - T$ 型：

(1) 当 $T = \wedge$ 时，$\vee - \wedge$ 为最大-最小型模糊关系方程，最为常见。

(2) 当 $T = \cdot$ 时，$\vee - \cdot$ 为最大-乘积型模糊关系方程。

定义 5.11 设 X 满足 $R * X = S$，称方程 $R * X = S$ 是可解的，X 是其解。同时记方程 $R * X = S$ 的全体解为 $\maltese_*(R, S) = \{X \in F(V \times W) \mid R * X = S\}$。若存在 $\overline{X} \in \maltese_*$，使得 $\forall X \in \maltese_*$，满足 $X \subseteq \overline{X}$，则称 $\overline{X}$ 是方程 $R * X = S$ 的最大解；类似地，若存在 $\underline{X} \in \maltese_*$，使得 $\forall X \in \maltese_*$，满足 $X \supseteq \underline{X}$，则称 $\underline{X}$ 是方程 $R * X = S$ 的最小解。

定理 5.1 设 $R \in F(U \times V)$ 与 $S \in F(U \times W)$，$\maltese_*(R, S) \neq \varnothing$，当且仅当 $R^{-1} * S$ 是其最大解。

定理 5.2 设 $R \in F(U \times V)$、$S \in F(U \times W)$，则 $\forall (v, w) \in V \times W$，$R^{-1} * S(v, w) = \wedge_{u \in U} \{S(u, w) \mid R(u, v) > S(u, w)\}$。

当论域有限时，$\boldsymbol{R}$、$\boldsymbol{X}$、$\boldsymbol{S}$ 可以用矩阵表示，令 $\boldsymbol{R} = [r_{ij}] \in [0, 1]^{m \times n}$，$\boldsymbol{X} = [x_{jk}] \in [0, 1]^{n \times l}$，$\boldsymbol{S} = [s_{il}] \in [0, 1]^{m \times l}$，则 $\boldsymbol{R} \circ X = S \Leftrightarrow R \circ X_j = S_j$，$j = 1, 2, \cdots, l$；$X_j = [x_{ij}]'$，$S_j = [s_{ij}]'$，$i = 1, 2, \cdots, n$。

定理 5.3 设 $\boldsymbol{R} = [r_{ij}] \in [0, 1]^{m \times n}$，$\boldsymbol{S} = [s_{il}] \in [0, 1]^{m \times l}$，则 $X = (x_1, x_2, \cdots, x_n)'$ 是 $\boldsymbol{R} \circ \boldsymbol{X} = \boldsymbol{S}$ 的解的充要条件是：$\forall i, j, r_{ij} \wedge x_i \leqslant s_j$ 且 $\forall i, \exists j_0$ 满足 $r_{ij} \wedge x_i = s_j$。

因此，模糊关系方程 $\boldsymbol{R} \circ \boldsymbol{X} = \boldsymbol{S}$ 的求解问题变成了下面的情形：
$$r \wedge x \leqslant s \quad \text{与} \quad r \wedge x = s$$
$r \wedge x = s$ 的解如下

$$x \in \begin{cases} \{s\} & r > s \\ [s,1] & r = s \\ \varnothing & r < s \end{cases} \tag{5-21}$$

$r \wedge x \leqslant s$ 的解如下

$$x \in \begin{cases} [0,s] & r > s \\ [0,1] & r \leqslant s \end{cases} \tag{5-22}$$

在上面的求解过程中，计算量随着方程阶数的增加而呈指数增长，并且存在重复计算。为了避免无效计算，人们提出了很多改进的方法，如模糊矩阵变换法、有效路径法、保守路径法、三角分解法等。

5.2.5 模糊语言、模糊逻辑、模糊规则与模糊推理

1. 模糊语言

（1）模糊语言。自然语言具有模糊性，其模糊性主要来自包含的模糊化词语，如"较大""很快"等。所谓模糊语言，是指具有模糊性的语言。

模糊语言可以对自然语言的模糊性进行分析和处理。众所周知，人们在日常生活中，交流信息用的大多是自然语言，而这种语言常用充满了不确定性的描述来表达具有模糊性的现象和事物。

模糊语言可以对连续性变化的现象和事物做出概括和抽象，也可以进行模糊分类。

模糊语言具有灵活性。在不同的场合，某一模糊概念可以代表不同的含义。例如"高个子"，在中国，把身高在 1.75～1.85m 之间的人归为"高个子"的模糊概念里；而在欧洲，可能把身高在 1.80～1.90m 之间的人归为"高个子"的模糊概念里。

模糊语言逻辑是由模糊语言构成的一种模拟人思维的逻辑。

（2）模糊数。模糊数是指论域 U 为实数集合上的具有连续隶属函数的正态凸模糊集合，记为 F。

正规模糊集合就是隶属函数的最大值可以取到 1 的模糊集合，即

$$\max \mu_F(u) = 1 \tag{5-23}$$

凸模糊集合是指对于任意的区间 $[a, b] \subseteq U$，如果 $a \leqslant x \leqslant b$，那么 x 的隶属度不小于 a、b 隶属度的最小值，即

$$\mu_F(x) \geqslant \min\{\mu_F(a), \mu_F(b)\} \tag{5-24}$$

若 F 既是正态的又是凸的，那么 F 就是一个模糊数。通俗地讲，模糊数体现了人们周围绝大多数自然现象的连续及模糊本质。例如，四季气温的变化、人们体重的变化等。

（3）语言值与语言变量。在自然语言中，与数值有直接联系的词（如"长""短""多""少""高""低""重""轻""大""小"等），或者由它们再加上语言算子（如"很""非常""较""偏"等）而派生出来的词组（如"很长""非常多""较高""偏重"等），称为语言值。语言值一般是模糊的，可以用模糊数表示。

语言变量是指采用自然语言中的词描述的、取值为语言值的变量。即语言变量就是一个变量，该变量用自然语言中的一个词描述，该变量的取值是一个语言值。扎德教授将语言变量定义为多元组 $(x, T(x), U, G, M)$。其中，x 为变量名；$T(x)$ 为 x 的词集，

即语言值名称的集合；U 为论域；G 为产生语言值名称的语法规则；M 为与各语言值有关的语法规则。语言变量的每个语言值对应一个模糊数（模糊集合），语言变量的词集将模糊概念与精确值联系起来，实现定理数据的模糊化。

2. 模糊逻辑与模糊规则

（1）模糊逻辑。二值逻辑的特点是：一个命题不是真命题就是假命题。

但是，在很多实际问题中，要做出这种"非真即假"的判断是很困难的。例如"小明跑得快"，这句话的含义显然是明确的，是一个命题，但是很难判断该命题是真是假，如果说小明跑得快的程度为多少，就更加合适了。也就是说，如果一个命题的真值不是简单地取 1 或 0，而是在 [0，1] 内取值更合切合此类命题的描述，那么这类命题就是模糊命题。

模糊逻辑是研究模糊命题的逻辑。模糊逻辑是以扎德在 1972～1974 年期间的研究成果为基础建立起来的。他首先提出了语言值、语言变量、语言算子等关键概念，制定了模糊推理规则，为模糊逻辑奠定了基础。

众所周知，人类的思维对一些单纯的问题能迅速做出确定性的判断与决策，除此之外，多数情况下是极其粗略的综合，与之对应的语言表达是模糊的，其逻辑判断往往也是定性的。因此，模糊概念更适合于人类的观察、思维、理解和决策。

（2）模糊命题。在二值逻辑中，所谓命题就是可以明确判断其真假的陈述句。然而，有些陈述句并非都是可以有确定性判断的。例如"今天天气比较暖和""他很年轻"等，其中"比较暖和"和"很年轻"都是模糊概念，无法直接用"真"与"假"判断。事实上，人们所遇到的陈述句中，含有大量的模糊概念，而二值逻辑只能描述那些具有清晰概念的对象。因此，对于含有模糊概念的对象，只能采用基于模糊集合论的模糊逻辑系统描述。

所谓模糊命题，是指含有模糊概念或者是带有模糊性的陈述句，通常用"很""略""比较""非常""大约"等模糊词修饰。例如，"电动机的转速很高""加热炉的温度上升比较快""阀门的开度略大"等。

模糊命题比清晰命题更具有广泛性，也符合人类的思维方法。相对于清晰命题而言，它有如下特点：

1）模糊命题的真值不是绝对的"真"或"假"，而是反映其有多大程度隶属于"真"。因此，它不只是一个值，而是多个值，甚至是连续量。

2）若模糊命题的真值设为 a，则 $a \in [0，1]$。当一个模糊命题的真值等于 1 或者 0 时，该命题是一个清晰命题。因此可以认为，清晰命题只是模糊命题的一个特例。

3）模糊命题的一般形式为"$P: e \text{ is } F$"，其中 e 是模糊变量，或简称变量；F 是某一个模糊概念所对应的模糊集合。模糊命题的真值由该变量对模糊集合的隶属程度表示，如

$$P = \mu_F(e)$$

当 $\mu_F(e) = 1$ 时，则 P 为全真；反之，当 $\mu_F(e) = 0$ 时，则 P 为全假。

4）设论域 E，有模糊命题"$P: e \text{ is } F$"，若 $\forall e \in E$，$\mu_F(e) \geqslant \alpha$，且 $\alpha \in [0，1]$，则称 P 为 α 恒真命题。

5）模糊命题之间的运算有"与""或""非"运算，其相应于前面的运算定义分别如下：

与运算：$P_1 \bigcap P_2$，其真值为 $P_1 \wedge P_2$；

或运算：$P_1 \cup P_2$，其真值为 $P_1 \vee P_2$；

非运算：$\overline{P}$，其真值为 $1-P$。

（3）模糊规则。在模糊控制中，模糊规则实质上体现的是模糊关系。常见的模糊规则通常写成下面的 if - then 形式：

$$if\ x\ is\ A, then\ y\ is\ B$$

A、B 分别是定义在论域 X、Y 上的模糊集合，通常以语言变量的形式给出。x 称为前件变量，模糊规则中 x is A 通常称为前件，y is B 称为后件，通常记作 $A \rightarrow B$。模糊规则是定义在论域 $X \times Y$ 上的模糊关系 R，其隶属函数体现了变量 x 和 y 之间具有某种关系的程度。模糊控制中，最常用的是通过最小运算建立模糊关系。

$$R = A \rightarrow B = \{(x,y), \mu_{A \rightarrow B}(x,y) \mid x \in X, y \in Y\} \tag{5-25}$$

其中隶属函数 $\mu_{A \rightarrow B}$ $(x，y)$ 的计算如下

$$\mu_{A \rightarrow B}(x,y) = \mu_A(x) \wedge \mu_B(y) = \min\{\mu_A(x), \mu_B(y)\} \tag{5-26}$$

3. 模糊推理

在形式逻辑中，经常使用三段论式的演绎推理，即由规则、前提和结论构成的推理。这种推理可以写成如下形式：

规则：如果 X 是 A，则 Y 是 B；

前提：X 是 A'；

结论：则 Y 是 B'。

在这种推理过程中，如果规则中的"A"与前提的"A'"完全一样，则结论中"B'"就是"B"，这即是二值逻辑的本质。不管"A"与"B"代表什么，推理普遍适用。目前的计算机就是基于这种形式逻辑推理进行设计和工作的。如果规则中的"A"与前提的"A'"不一致，则形式逻辑无法进行推理，因此计算机也无法进行推理。

但是在这种情况下，人是可以进行思维和推理的。比如：健康的人长寿，小张非常健康，则小张相当长寿。在这一推理中，规则中的"A"是"健康"，前提中的"A'"是"非常健康"，前提与规则并不一致，无法使用形式逻辑进行推理。但人可以得到"相当长寿"的结论，这是根据规则中的"健康"与前提中的"非常健康"的"含义"的相似程度得到的。通常用模糊集方法模拟人脑，这样一个思维过程的推理称为模糊推理。

借助于前面的模糊关系和模糊矩阵，上述过程中的 B' 可以由 A' 与模糊关系 $R = A \rightarrow B$ 进行合成得到，即 $B' = A' \circ R = A' \circ (A \rightarrow B)$，模糊集合 B' 可以描述如下

$$\mu_{B'}(y) = \bigvee_{x \in X}[\mu_{A'}(x) \wedge \mu_{A \rightarrow B'}(x,y)] = \max_{x \in X}\{\min[\mu_{A'}(x), \mu_{A \rightarrow B'}(x,y)]\}$$

【例 5-11】 火电机组通常通过喷水减温的方式实现主蒸汽温度调节，有以下的操作规则："如果主蒸汽温度高，则增加喷水量，采用较大的喷水量。"设 x 和 y 分别表示模糊语言变量"汽温"和"喷水量"，并设 x 和 y 的论域为 {负大，负小，零，正小，正中}，分别用 $\{x_1, x_2, x_3, x_4, x_5\}$ 和 $\{y_1, y_2, y_3, y_4, y_5\}$ 表示，表示"汽温高"的模糊集合 A，表示"喷水量大"的模糊集合 B，以及表示"汽温非常高"的模糊集合 A' 分别为

$$A = \text{"汽温高"} = \frac{0.1}{x_1} + \frac{0.2}{x_2} + \frac{0.5}{x_3} + \frac{0.8}{x_4} + \frac{1}{x_5}$$

$$B = \text{"喷水量大"} = \frac{0.1}{y_1} + \frac{0.2}{y_2} + \frac{0.4}{y_3} + \frac{0.7}{y_4} + \frac{1}{y_5}$$

$$A' = \text{"汽温非常高"} = \frac{0.05}{x_1} + \frac{0.12}{x_2} + \frac{0.4}{x_3} + \frac{0.6}{x_4} + \frac{1}{x_5}$$

计算当"汽温非常高"时，应该采取怎样的减温水操作模式？

解 （1）通过模糊集合 A 和 B 建立模糊关系 $R = A \rightarrow B$，则

$$R = A \wedge B = \{(x, y), \mu_{A \rightarrow B}(x, y) \mid x \in X, y \in Y\}$$

$$= \begin{bmatrix} 0.1 & 0.1 & 0.1 & 0.1 & 0.1 \\ 0.1 & 0.2 & 0.2 & 0.2 & 0.2 \\ 0.1 & 0.2 & 0.4 & 0.5 & 0.5 \\ 0.1 & 0.2 & 0.4 & 0.7 & 0.8 \\ 0.1 & 0.2 & 0.4 & 0.7 & 1 \end{bmatrix}$$

（2）使用最大 - 最小合成运算对模糊集合 $A' = \begin{bmatrix} 0.05 & 0.12 & 0.4 & 0.61 \end{bmatrix}$ 与模糊关系 R 合成

$$B' = A' \circ R = \begin{bmatrix} 0.05 & 0.12 & 0.4 & 0.6 & 1 \end{bmatrix} \circ \begin{bmatrix} 0.1 & 0.1 & 0.1 & 0.1 & 0.1 \\ 0.1 & 0.2 & 0.2 & 0.2 & 0.2 \\ 0.1 & 0.2 & 0.4 & 0.5 & 0.5 \\ 0.1 & 0.2 & 0.4 & 0.7 & 0.8 \\ 0.1 & 0.2 & 0.4 & 0.7 & 1 \end{bmatrix}$$

$$= \begin{bmatrix} 0.1 & 0.2 & 0.4 & 0.6 & 1 \end{bmatrix}$$

$$B' = \frac{0.1}{y_1} + \frac{0.2}{y_2} + \frac{0.4}{y_3} + \frac{0.6}{y_4} + \frac{1}{y_5} = \text{"喷水量非常大"}$$

很多情况下，一条模糊规则不能实现满意的控制效果，往往需要设计多条模糊规则提高控制品质。将上述过程扩展到多条模糊规则，并建立其模糊关系。

模糊规则 1：if x is A_1，then y is B_1；

模糊规则 2：if x is A_2，then y is B_2；

模糊规则 3：if x is A_3，then y is B_3；

⋮

模糊规则 n：if x is A_n，then y is B_n。

模糊规则 1 的模糊关系 $R_1 = A_1 \rightarrow B_1$，模糊规则 n 的模糊关系 $R_n = A_n \rightarrow B_n$，规则 $1 \sim n$ 共同作用下的模糊关系 R 计算如下

$$R = \bigcup_{i=1}^{n} R_i = \bigcup_{i=1}^{n} (A_i \rightarrow B_i) = \bigvee_{i=1}^{n} \mu_{A_i \rightarrow B_i}(x, y)$$

$$= [\mu_{A_1 \rightarrow B_1}(x, y) \vee \mu_{A_2 \rightarrow B_2}(x, y) \vee \cdots \vee \mu_{A_n \rightarrow B_n}(x, y)]$$

$$\mu_{A_i \rightarrow B_i}(x, y) = \mu_{A_i}(x) \wedge \mu_{B_i}(y) = \min\{\mu_{A_i}(x), \mu_{B_i}(y)\}$$

在前件变量多于 1 个的情况下，以 2 个模糊变量为例建立其模糊关系。

模糊规则 1：if x is A_1 and y is B_1，then z is C_1；

模糊规则 2：if x is A_2 and y is B_2，then z is C_2；

模糊规则 3：if x is A_3 and y is B_3，then z is C_3；

⋮

模糊规则 n：if x is A_n and y is B_n，then z is C_n。

模糊规则 1 的模糊关系 $R_1 = A_1 \times B_1 \rightarrow C_1$，其中的 $A_1 \times B_1$ 可以看成是直积空间 $X \times Y$ 上的模糊集合，其隶属函数计算如下

$$\mu_{A_1 \times B_2}(x, y) = \mu_{A_1}(x) \wedge \mu_{B_1}(y) = \min \{\mu_{A_1}(x), \mu_{B_1}(y)\}$$

模糊关系 $R_1 = A_1 \times B_1 \rightarrow C_1$，其隶属函数计算如下

$$\mu_{A_1 \times B_1 \rightarrow C_1}(x, y, z) = \mu_{A_1}(x) \wedge \mu_{B_1}(y) \wedge \mu_{C_1}(z) = \min \{\mu_{A_1}(x), \mu_{B_1}(y), \mu_{C_1}(z)\}$$

模糊规则 $1 \sim n$ 共同作用下的模糊关系 R 计算如下

$$= \bigcup_{i=1}^{n} R_i = \bigcup_{i=1}^{n} (A_i \times B_i \rightarrow C_i) = \bigvee_{i=1}^{n} \mu_{A_i \times B_i \rightarrow C_i}(x, y, z)$$

5.3 基本模糊控制器设计

5.3.1 模糊控制器的基本原理

各种传统的控制方法均是建立在被控对象精确的数学模型之上。随着系统复杂程度的提高，难以建立系统精确的数学模型和满足实时控制的要求。

人们期望探索出一种简便灵活的描述手段和处理方法，并为此进行了种种尝试，结果发现：一个采用传统控制方法难以解决的复杂控制问题，却可由操作人员凭着丰富的实践经验，达到满意的控制效果。

例如，用传统方法控制一辆无人驾驶汽车沿规定的路线行驶是很困难的，但驾驶员却可以很轻松地做到。在驾驶汽车跟踪路线时，驾驶员采用的是如下很简单的控制规则：

如果车子向左偏出了路线，就将方向盘向右打；

如果车子向右偏出了路线，就将方向盘向左打；

如果车子没有左右偏离，则保持方向盘不变。

在打方向盘时，驾驶员会根据偏离的程度或趋势，采用不同的力度和速度，并且往往还可以用一定的语言描述这一处理过程并传授给新手。

人类的这些控制经验，如果能够转换为可以用计算机实现的控制算法，将会为不确定系统的控制开辟一条新的途径。同时，上述例子中存在这样一个事实，即不同的驾驶员处理问题的具体行为和方式有所不同但又大体一致，在传授新手方面，描述的语言也不尽相同又大体一致，这其实就是模糊语言和模糊控制。

模糊控制就是利用模糊集合理论，把人类专家用自然语言描述的控制策略转化为计算机能够接受的算法语言，从而模拟人类的智能，实现生产过程的有效控制。

1974 年，玛丹尼教授将模糊集合和模糊语言逻辑成功地用于蒸汽机控制，宣告了模糊控制的诞生。模糊控制非常适合于控制复杂、非线性、大滞后和不确定性的被控对象。

由于模糊控制系统是一种计算机控制系统，故其组成类似于一般的数字控制系统，如图 5-1 所示，仅仅是模糊控制器中的控制算法是模糊运算。

模糊控制器一般由如下四部分组成。

（1）模糊量化处理（模糊化接口）。模糊控制器接收的是由 A/D 转换器传送过来的表示系统偏差信号的确切数字量，因此该部分的功能是将确切的数字偏差量转化成模糊量。如果模糊控制器是双输入的，则还应该根据偏差量计算出偏差变化率，然后再将它转换成

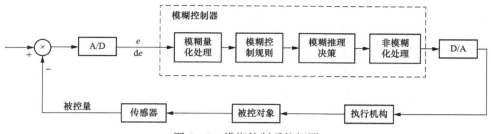

图 5-1　模糊控制系统框图

模糊量。这一过程使输入的确切量转换成由模糊集合隶属函数表示的模糊量。

（2）模糊控制规则。它也称知识库，用于存放模糊推理所需的知识，通常知识是根据专家的控制经验获得的，知识库的设计通常也是离线进行的。但是，随着对控制要求的提高，也可以设计其为在线学习，比如改变语言值的参数、控制规则的数量或形式等。

（3）模糊推理决策。它也称模糊推理机，是模糊控制器的核心部分。利用模糊控制规则库中的知识模拟人的推理过程，给出合适的输出，具有模拟人的模糊推理能力。

（4）非模糊化处理（确切化接口）。前面得到的输出是一个模糊量，进行控制时必须为确切值，因此非模糊化处理的任务就是将模糊运算得到的模糊输出量转化成实际系统能够接收的确切数字量，然后通过 D/A 转换器再将它转换成模拟量送给执行器。

5.3.2　基本模糊控制器的设计方法

模糊逻辑控制器简称模糊控制器（Fuzzy Controller，FC）。因为模糊控制器的控制规则是基于模糊条件语句描述的语言控制规则，所以模糊控制器又称为模糊语言控制器。

模糊控制器在模糊自动控制系统中具有举足轻重的作用，因此在模糊控制系统中，设计模糊控制器的工作很重要。模糊控制器的设计主要包括以下几项内容：

（1）确定模糊控制器的输入变量和输出变量（即控制量），输入合理的变量个数，影响控制器的效果。

（2）根据第（1）步选择的输入变量和输出变量，设计模糊控制器的控制规则，确定模糊量的隶属函数。

（3）确立输入变量和输出变量的模糊化和反模糊化的方法，选择模糊控制器的输入变量和输出变量的论域并确定模糊控制器的参数（如量化因子、比例因子）。

（4）编制模糊控制算法程序。

（5）合理地选择模糊控制算法的采样时间。

1. 模糊控制器的结构设计

模糊控制器的结构设计是指确定模糊控制器的输入变量和输出变量。在手动控制过程中，究竟选择哪些变量作为模糊控制器的输入和输出，还必须深入研究人如何获取、输出信息，因为模糊控制器的控制规则归根到底还是模拟人脑的思维决策方式。

在确定性自动控制系统中，通常将具有一个输入变量和一个输出变量（即一个控制量和一个被控制量）的系统称为单变量系统，而将多于一个输入变量和输出变量的系统称为多变量系统。在模糊控制系统中，也可以类似地分别定义为"单变量模糊控制系统"和"多变量模糊控制系统"，不同的是模糊控制系统往往将一个控制量（通常是系统的输入变量）的偏差、偏差变化以及偏差变化的变化率作为模糊控制器的输入。虽然从形式上看，此时输入变量是3个，但是由于输入变量都与偏差有直接关系，因此人们也习惯称之为单变量模糊控制系统。

下面以单输入-单输出模糊控制器为例，给出几种结构形式的模糊控制器，如图5-2所示。一般情况下，一维模糊控制器［见图5-2(a)］用于一阶被控对象，由于这种控制器输入变量只选一个偏差，其动态性能不佳，因此目前广泛采用的是二维模糊控制器［见图5-2(b)］，这种控制器以偏差和偏差变化作为二维输入量，以控制量的变化作为输出量。图5-2(c)是将偏差E、偏差变化EC和偏差变化率ECC作为模糊推理输入的三维模糊控制器，但这种控制器并不实用。

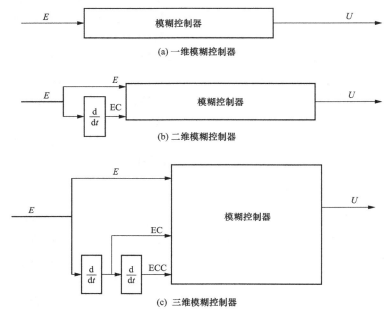

图5-2　模糊控制器的结构

从理论上讲，模糊控制器的维数越高，对控制量的论域划分越细，模糊控制规则越复杂，并且控制规则的数量和输入变量的个数呈指数关系，控制算法的实现相当困难，这或许是目前人们广泛设计和应用二维模糊控制器的原因所在。

2. 模糊量化处理

(1) 确定模糊变量及论域。确定模糊控制器的模糊变量（即语言变量）是设计模糊控制器的第一步，通常将偏差及偏差的变化率作为模糊输入变量，将控制量作为模糊输出变量。

人们在日常生活或人机系统中经常用模糊语言描述各种事物。一般来说，人们总是习惯于把事物分为三个等级，如：事物的大小可分为大、中、小；运动的速度可分为快、中、慢。所以，一般选用"大、中、小"三个词汇描述模糊控制器的输入-输出变量的状态。由于人的行为在正、负两个方向的判断基本上是对称的，因此将大、中、小加上正、负两个方向，再考虑变量的零状态，共有七个词汇，即

{负大，负中，负小，零，正小，正中，正大}

一般用英文字母缩写为

$$\{NB，NM，NS，ZO，PS，PM，PB\}$$

其中，N＝Negtive，B＝Big，M＝Middle，S＝Small，ZO＝Zero，P＝Positive。

模糊变量值的个数与制定控制规则有直接的关系，选择较多的词汇描述输入-输出变量，可以把事物描述得更详细，但相应地也使控制规则变得更复杂，制定起来较为困难。当选择无穷多个词汇时，模糊量退化成为确切量，模糊控制变成了确切控制。当选择词汇过少时，使变量描述变得粗糙，导致控制器的性能变差。一般情况下，选择上述七个词汇，也可以根据实际情况选择三个或五个模糊变量。因此，在选取模糊变量时，既要考虑控制规则的灵活性与细致性，又要兼顾其简单易行的要求。

为了提高模糊控制的精度，对于偏差这个输入变量，选择描述其状态词汇时，常将"零"分为"正零"和"负零"，这样词集变为

$$\{负大,负中,负小,负零,正零,正小,正中,正大\}$$
$$\{NB,NM,NS,NO,PO,PS,PM,PB\}$$

模糊变量的所有值（即词集）即为模糊变量的论域，也称模糊论域。

（2）确定确切量的论域。模糊控制器接收的是确切量，送出的也是确切量。所以，确定确切量的论域是设计模糊控制器必不可少的一项工作。

通常将模糊控制器的输入变量偏差、偏差变化的实际范围称为输入变量的基本论域，把被控对象实际所要求的控制量的实际范围称为输出变量的基本论域。

如果控制器接收的是偏差信号，有时正，有时负，通常对称取值，例如，可以选择输入量的最大论域是 $[-8,8]$。在实际中，控制偏差不可能达到最大论域，为了使控制效果灵敏，视具体情况，可以把输入变量的论域选择得小一些。执行器是根据输入的偏差信号动作的，因此当输入选择正负对称时，输出变量通常也按照正负对称选择。在实际中，输出变量论域的幅值取决于现场阀门（或挡板）一次允许的最大开度。

（3）确定等级量的论域。确切量是连续量，模糊量是离散量。为将确切量转化成模糊量，即将确切量与模糊量对应起来，必须先将确切量等分成等级量。为避免出现失控现象，这个等级量的论域选择一般要不小于模糊变量的论域。

设确切量的基本论域为 $[X_{min}，X_{max}]$，则所对应的等级量论域 $[-\overline{X}_m，\overline{X}_m]$ 用式（5-27）求出

$$\overline{X}_m =< K\left(X - \frac{X_{max}+X_{min}}{2}\right) > \tag{5-27}$$

式中：X 为确切量；$<>$ 表示内部的数值取整；$K=\dfrac{2\overline{X}_m}{X_{max}-X_{min}}$ 为量化因子。

（4）定义模糊子集。定义一个模糊子集，实际上就是要确定模糊子集隶属函数曲线的形状，即建立各等级量与各模糊量之间的隶属关系。

例如，设等级量的论域为

$$X=\{-6,-5,-4,-3,-2,-1,0,1,2,3,4,5,6\}$$

如果等级量对应模糊变量 A(PM，正中) 的隶属程度如图 5-3（隶属函数曲线）所示，则有

$$\mu_A(2) =\mu_A(6)=0.2，\quad \mu_A(3) =\mu_A(5)=0.7，\quad \mu_A(4) =1$$

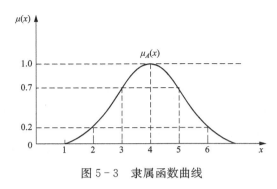

图 5-3　隶属函数曲线

论域 X 内，除 $x = 2$，3，4，5，6 外，各点的隶属度均取零，则模糊变量 A（PM，正中）的模糊子集为

$$A = \frac{0.2}{2} + \frac{0.7}{3} + \frac{1}{4} + \frac{0.7}{5} + \frac{0.2}{6}$$

实验研究结果表明，用正态型隶属函数曲线描述人们进行控制活动时的模糊概念是适宜的，因此可以根据式（5-28）的正态函数分别给出偏差 E、偏差变化率 EC 及控制量 U 的七个语言值 {NB，NM，NS，ZO，PS，PM，PB} 的隶属函数。

正态函数

$$F(x) = \exp\left[-\left(\frac{x-a}{\sigma} \right)^2 \right] \tag{5-28}$$

式中：参数 σ 的大小直接影响隶属函数曲线的形状，而隶属函数曲线的形状会导致不同的控制特性。

A、B、C 的隶属函数曲线如图 5-4 所示，三个模糊子集 A、B、C 的隶属函数曲线的形状截然不同，模糊子集 A 的形状尖一点，其分辨率高，其次是 B，最后是 C。如果输入偏差变量在模糊子集 A、B、C 的支集上变化相同，则由它们所引起的输出变化是不同的。容易看出 A 所引起的变化最激烈。

上述分析表明，隶属函数曲线的形状较尖的模糊子集分辨率较高，控制灵敏度也较

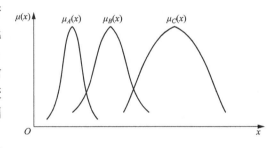

图 5-4　A、B、C 的隶属函数曲线

高。因此，在偏差较小的区域采用较高分辨率的模糊集，当偏差接近零时选用高分辨率的模糊集。

上面仅就描述某一模糊变量的模糊子集的隶属函数曲线形状问题进行了讨论，下面对同一模糊变量（如偏差或偏差的变化等）的各个模糊子集（如负大、负中、…）之间的相互关系及其对控制性能的影响作进一步的分析。

从自动控制的角度，希望一个控制系统在要求的范围内都能很好地实现控制。模糊控制系统在设计时也要考虑这个问题。因此，在选择描述某一模糊变量的各个模糊子集时，要使它们在论域上能合理分布。在定义这些模糊子集时，要注意使论域中的任何一点对这些模糊子集的隶属度的最大值不能太小，否则会在这样的点附近出现不灵敏区，从而造成失控，使模糊控制系统性能变坏。

各模糊子集之间相互关系，如图 5-5 所示。α_1、α_2 分别为两种情况下两个模糊子集交集 A、B 的最大值。显然 $\alpha_1 < \alpha_2$，可用 α 大小描述两个模糊子集之间的影响程度。当 α 较小时，控制灵敏度较高；当 α 较大时，模糊控制器鲁棒性较好。α 取得过小或过大都不好，一般 α 值取 0.4～0.8。

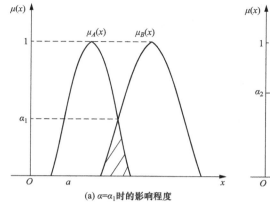

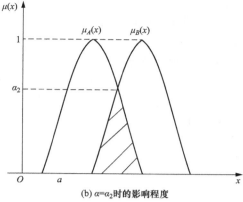

$$(a)\ \alpha{=}\alpha_1\text{时的影响程度} \qquad (b)\ \alpha{=}\alpha_2\text{时的影响程度}$$

图 5-5 模糊子集之间的相互关系

模糊化一般采用如下两种方法：

（1）等级量的每一个档次对应一个模糊集。例如，如果论域选为 $\{-6，-5，-4，$ $-3，-2，-1，0，+1，+2，+3，+4，+5，+6\}$，其上定义七个语言变量值 $\{$NB，NM，NS，ZO，PS，PM，PB$\}$ 的模糊子集中，人们习惯上将具有最大隶属度"1"的元素取为

$$\mu_{PB}(x)=1,\ x=+6$$
$$\mu_{PM}(x)=1,\ x=+4$$
$$\mu_{PS}(x)=1,\ x=+2$$
$$\mu_{ZO}(x)=1,\ x=0$$
$$\mu_{NS}(x)=1,\ x=-2$$
$$\mu_{NM}(x)=1,\ x=-4$$
$$\mu_{NB}(x)=1,\ x=-6$$

也可根据人们对事物的判断习惯沿用正态分布的思维特点，对应模糊子集的隶属函数采用正态分布函数表示，即 $\mu(x)=e^{-\left(\frac{x-a}{b}\right)^2}$，等级量与模糊量的关系见表 5-2。

表 5-2 中，在 $[-6，+6]$ 区间离散化的确切量（等级量）与表示模糊语言的模糊量建立了关系，这样就可以将 $[-6，+6]$ 之间的任何等级量用模糊量 $\underline{X}$ 表示。

表 5-2　　　　　　　　　　　　　　等级量与模糊量的关系

$\underline{X}$ \ X	-6	-5	-4	-3	-2	-1	0	$+1$	$+2$	$+3$	$+4$	$+5$	$+6$
PB	0	0	0	0	0	0	0	0	0	0.1	0.4	0.8	1.0
PM	0	0	0	0	0	0	0	0	0.2	0.7	1.0	0.7	0.2
PS	0	0	0	0	0	0	0	0.9	1.0	0.7	0.2	0	0
ZO	0	0	0	0	0	0.5	1.0	0.5	0	0	0	0	0
NS	0	0	0.2	0.7	1.0	0.9	0	0	0	0	0	0	0
NM	0.2	0.7	1.0	0.7	0.2	0	0	0	0	0	0	0	0
NB	1.0	0.8	0.4	0.1	0	0	0	0	0	0	0	0	0

由表 5-2 可知，在 -6 附近称为负大，用 NB 表示；在 -4 附近称为负中，用 NM 表示。如果 $X=-5$，这个等级量没有在档次上，则从表 5-2 中的隶属度上选择，因为 $\mu_{NM}(-5)=0.7$，$\mu_{NB}(-5)=0.8$，$\mu_{NM}(-5)<\mu_{NB}(-5)$，所以 $X=-5$ 用 NB 表示。在这种模糊化方法中，语言值 NB 的模糊集合为

$$NB=\frac{1.0}{-6}+\frac{0.8}{-5}+\frac{0.4}{-4}+\frac{0.1}{-3}=(1.0 \quad 0.8 \quad 0.4 \quad 0.1)$$

（2）第二种方法更为简单，将在某区间的确切量 X 模糊化成一个模糊子集，该模糊子集在点 X 处隶属度为 1，除 X 点外，其余各点的隶属度均取 0。例如等级量 -6 所对应的模糊量为

$$NB=\frac{1.0}{-6}=(1.0)$$

除了正态分布形式的隶属函数曲线外，通常还可以选择三角形、梯形等形状的隶属函数。例如，当选择等腰三角形时，可以选择等级量的论域与模糊量论域相等，并使每一个等级量对应模糊量的隶属度取为 1，其余均为 0，如图 5-6 所示。

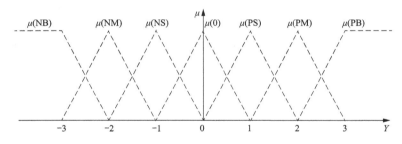

图 5-6　等腰三角形隶属函数曲线

3. 模糊控制规则设计

模糊控制器的控制规则是基于手动控制策略，而手动控制策略又是人们通过学习、实验以及长期经验积累逐渐形成的储存在操作者大脑中的一种技术知识集合。手动控制过程一般是操作者通过对被控对象（过程）的一些观测，再根据已有的经验和技术知识，进行综合的分析并作出控制决策，调整加到被控对象上的控制作用，从而使系统达到预期的目标。手动控制的作用同自动控制系统中控制器的作用基本相同，所不同的是：手动控制决策是基于操作经验和技术知识，而控制器的控制决策是基于某种控制算法的数值运算。利用模糊集合理论和语言变量的概念，可以将用语言归纳的手动控制策略上升为数值运算，于是可以采用计算机完成这个任务，从而代替人的手动控制，实现模糊自动控制。

利用语言归纳手动控制策略的过程，实际上是建立模糊控制器的控制规则的过程。手动控制策略一般都可以用条件语句加以描述。

下面以火力发电过程汽温控制为例，总结一下手动控制策略，从而给出一类模糊控制规则。

【例 5-12】　火电发电过程汽温控制系统如图 5-7 所示，通过喷入冷水来调节蒸汽温度。分别设计一维和二维输入下模糊控制器 FC 的模糊规则。

解　（1）考虑只有温度偏差 e 的单输入情况。选择模糊词集为 {NB，NS，ZO，PS，

PB}，描述输入的偏差信号 e 和控制器输出 u，依据操作者手动控制的一般经验，可以总结出一些控制规则，例如：

若偏差 E 为 0，说明温度接近希望值，喷水阀保持不动；

若偏差 E 为正，说明温度低于希望值，应该减少喷水；

若偏差 E 为负，说明温度高于希望值，应该增加喷水。

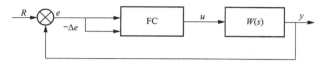

图 5-7　火电发电过程汽温控制系统框图

若采用数学符号描述，可总结如下模糊控制规则：

若 E 为负大，则 U 为正大；

若 E 为负小，则 U 为正小；

若 E 为零，则 U 为零；

若 E 为正小，则 U 为负小；

若 E 为正大，则 U 为负大。

写成模糊推理句：

if E＝NB then U＝PB

if E＝NS then U＝PS

if E＝ZO then U＝ZO

if E＝PS then U＝NS

if E＝PB then U＝NB

由上述的控制规则可得到模糊控制规则表，见表 5-3。

表 5-3　　　　　　　　　　　　　　模 糊 控 制 规 则 表

E	NB	NS	ZO	PS	PB
U	PB	PS	ZO	NS	NB

按照上述控制规则，可以得到该温度偏差 e 与喷水阀门开度 u 之间的模糊关系 R

$$R = E \times U = (NB_E \times PB_U) \bigcup (NS_E \times PS_U) \bigcup (ZO_E \times ZO_U)$$
$$\bigcup (PS_E \times NS_U) \bigcup (PB_E \times NB_U)$$

计算模糊关系矩阵 R 的子程序 F _ Relation _ 1. m（MATLAB）和 F _ Relation _ 1. py（Python），扫描二维码 5-1 获取。

（2）考虑 e 和 Δe（ec）两个输入的情况。假设选取的 E、EC、U 的模糊变量词集为

$$\{NB, NM, NS, ZO, PS, PM, PB\}$$

汇总操作者在操作过程中遇到的各种情况和相应的控制策略，见表 5-4。

建立模糊控制规则表的基本思想为：首先考虑偏差为负的情况，当偏差（希望值减去温度值）为负大时（说明温度高于希望值），若偏差变化率也为负，这时偏差有增大的趋

势，为尽快消除已有的负大偏差并抑制偏差变大，所以控制量的变化取正大（控制量增大，意味着喷水阀门开度增大，喷水量增加，使得温度下降）。

表 5-4 双输入时的模糊控制规则表

EC \ U \ E	NB	NM	NS	ZO	PS	PM	PB
NB	PB	PB	PM	PM	PS	ZO	ZO
NM	PB	PB	PM	PM	PS	ZO	ZO
NS	PB	PB	PM	PS	ZO	NS	NM
ZO	PB	PM	PS	ZO	NS	NM	NB
PS	PM	PM	PS	NS	NS	NM	NB
PM	PM	PS	ZO	NM	NM	NB	NB
PB	PS	ZO	NS	NM	NB	NB	NB

当偏差为负而偏差变化率为正时，系统本身已有减少偏差的趋势，所以为尽快消除偏差而又不超调，应取较小的控制量。

当偏差为负中时，控制量的变化应使偏差尽快消除，基于这种原则，控制量的变化选取同偏差为负大时相同。

当偏差为负小时，系统接近稳态，当偏差变化微小时，选取控制量变化为正中，以抑制偏差往负方向变化；当偏差变化为正时，系统本身有消除负小的偏差的趋势，选取控制量变化为正小。

选取控制量变化的原则为：当偏差大或较大时，选择控制量以尽快消除偏差为主；当偏差较小时，选择控制量要注意防止超调，以系统稳定性为主要出发点。

按照上述控制规则，可以得到温度偏差及偏差变化率与喷水阀门开度之间的模糊关系 R

$R = E \times EC \times U$

$= (NB_E \times NB_{EC} \times PB_U) \bigcup (NM_E \times NB_{EC} \times PB_U) \bigcup (NS_E \times NB_{EC} \times PM_U) \bigcup \cdots$

式中：角标 E、EC、U 分别为偏差、偏差变化率和控制量。

计算模糊关系矩阵 R 的子程序 F_Relation_2.m（MATLAB）和 F_Relation_2.py（Python），扫描二维码 5-2 获取。

二维码5-2

计算模糊关系矩阵 R 的子程序

三个输入的模糊控制器很少使用，计算模糊关系的方法与两个输入的相同，这里不再赘述。下面概括给出常见的模糊控制语句及其对应的模糊关系 R：

（1）if A then B

$$R = A \times B$$

（2）if A then B else C

$$R = (A \times B) \bigcup (A \times C)$$

（3）if A and B then C

$$R = A \times (B \times C) = A \times B \times C$$

（4）if A or B and C or D then E

$$R = [(A+B) \times E] \circ [(C+D) \times E]$$

（5）if A then B and if A then C

$$R = (A \times B) \circ (A \times C)$$

（6）if A_1 then B_1 and if A_2 then B_2

$$R = (A_1 \times B_1) \bigcup (A_2 \times B_2)$$

4. 模糊决策

模糊决策也称为模糊推理，其任务是通过 E、EC、ECC 及设计出的 R 求出控制量 U。根据模糊关系可以得出模糊变量的推理合成规则。

如果 E 是模糊论域 X 上的一个模糊子集，R 是从论域 X 到 Y 的一个模糊关系，如图 5 - 8 所示，以模糊子集 E 为底的柱状模糊集合 E 与模糊关系 R 的交构成模糊集合 $E \bigcap R$，如图 5 - 8 阴影区域所示。将其投影到论域 Y 可得到模糊子集 U，U 可以表示为

$$U = E \circ R$$

由此，可以得到各种输入时，模糊控制器的输出：

单输入时

$$U = E \circ R \tag{5-29}$$

双输入时

$$U = (E \times EC) \circ R \tag{5-30}$$

三输入时

$$U = (E \times EC \times ECC) \circ R \tag{5-31}$$

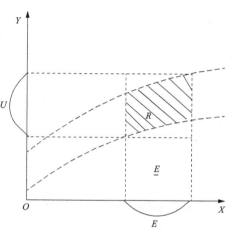

图 5 - 8 模糊推理合成规则

例如：单输入时，根据前面的等级量划分原则，如果其等级量 $E = +1$，由表 5 - 2 可以查出 $E = PS = [0 \ \ 0 \ \ 0 \ \ 0 \ \ 1 \ \ 0.5 \ \ 0]$。根据式（5 - 29）可以得到

$$U = [0 \ \ 0 \ \ 0 \ \ 0 \ \ 1 \ \ 0.5 \ \ 0] \circ \begin{bmatrix} 0 & 0 & 0 & 0 & 0 & 0.5 & 1.0 \\ 0 & 0 & 0 & 0 & 0.5 & 0.5 & 0.5 \\ 0 & 0 & 0.5 & 0.5 & 1.0 & 0.5 & 0 \\ 0 & 0 & 0.5 & 1.0 & 0.5 & 0 & 0 \\ 0 & 0.5 & 1.0 & 0.5 & 0.5 & 0 & 0 \\ 0.5 & 0.5 & 0.5 & 0 & 0 & 0 & 0 \\ 1.0 & 0.5 & 0 & 0 & 0 & 0 & 0 \end{bmatrix}$$

$$= [0.5 \ \ 0.5 \ \ 1.0 \ \ 0.5 \ \ 0.5 \ \ 0 \ \ 0]$$

其模糊决策子程序 F _ Deduce _ 1. m（MATLAB）和 F _ Deduce _ 1. py（Python），扫描二维码 5 - 3 获取。

双输入时，先根据 e、ec 计算出相应的等级量 E、EC，再根据表（5 - 2）查出相应的 E、EC，然后按式（5 - 30）计算出模糊控制器的输出。其模糊决策子程序 F _ Deduce _ 2. m（MATLAB）和 F _ Deduce _ 2. py（Python），扫描二维码 5 - 4 获取。

二维码 5-3

单输入模糊决策子程序

5. 非模糊化处理

模糊控制器的输出是一个模糊子集，它包含控制量的各种信息，而执行器仅能接收一个确切的控制量，因此，必须把模糊控制器输出的模糊量转化为确切量。因为模糊量与等级量对应，因此，在转化成确切量之前，先把它转换为等级量，然后再把这个确切的等级量转化成执行器实际接受的确切量。这一过程正好与确切量的模糊化相反，因此称为非模糊化处理或模糊判决。

转换成等级量最简单也最实用的方法有最大隶属度法和加权平均判决法两种。

（1）最大隶属度法。对于模糊控制器的输出模糊集 A 中，其相对的论域 $U = \{u_1, u_2, \cdots, u_m\}$。

模糊判决的最大隶属度原则就是选择模糊集 A 中隶属度最大的那个元素 u_i 作为观测结果且 u_i 满足

$$\mu_A(u_i) \geqslant \mu_A(u_j), \quad u_j \in U, i \neq j \tag{5-32}$$

如果在输出的模糊子集 A 中，具有最大隶属度的那些元素是连续的（即隶属函数出现一个平顶，有多个连续的最大值），则取其平顶的重心所对应的论域元素作为控制量输出，即对这些元素取平均值。

这种判决方法的优点是简单易行，缺点是它概括的信息量较少，因为这样做完全排除了其他一切隶属度较小的元素的影响和作用，并且为了实施判决，必须避免控制器输出过程中出现隶属函数曲线为双峰和所有元素的隶属度值都非常小的那种模糊集。

例如，设

$$A_1 = \frac{0}{-3} + \frac{0}{-2} + \frac{0}{-1} + \frac{0}{0} + \frac{0.8}{1} + \frac{0.75}{2} + \frac{0.3}{3}$$

$$A_2 = \frac{0.1}{-3} + \frac{0.1}{-2} + \frac{0.7}{-1} + \frac{0}{0} + \frac{0.8}{1} + \frac{0.8}{2} + \frac{0.3}{3}$$

在 A_1 中应用模糊判决的最大隶属度原则，可得 $U = 1$。

在 A_2 中取判决结果为 $U = \dfrac{1+2}{2} = 1.5$。

（2）加权平均判决法。加权平均判决法的关键在于加权系数的选择。一般来讲，加权系数的选取与系统响应特性有关，因此可根据系统设计要求或经验来选取适当的加权系数，当加权系数 $k_i (i = 1, 2, \cdots, m)$ 已确定时，模糊量的判决输出表达式为

$$U = \frac{\sum\limits_{i=1}^{m} k_i u_i}{\sum\limits_{i=1}^{m} k_i} \tag{5-33}$$

为简单起见，通常选用隶属函数作为加权系数，则决策输出表述为

$$U = \frac{\sum\limits_{i=1}^{m} \mu_A(u_i) u_i}{\sum\limits_{i=1}^{m} \mu_A(u_i)} \tag{5-34}$$

例如，输出模糊集 A_1 中采用加权平均法决策，得到

$$U = \frac{\sum\limits_{i=1}^{m} \mu_A(u_i) u_i}{\sum\limits_{i=1}^{m} \mu_A(u_i)} = \frac{3.2}{1.85} = 1.73$$

将等级量转换成执行器实际能接受的确切量是比较容易的。先给出执行机构一次能接受的最大行程，假设为 $\pm u_m\%$，即控制器输出确切量的基本论域为 $u = [-u_m, u_m]$，再假设等级量的论域为 $U = [-m, m]$，则控制器的确切量输出为

$$u = \frac{u_m}{m} U = K_u U \tag{5-35}$$

式中：K_u 为比例因子。

例如，执行器可接受的最大行程为 $\pm 30\%$，如果等级量的论域选为 $U = [-3, 3]$，则比例因子为

$$K_u = \frac{u_m}{m} = \frac{30}{3} = 10$$

当 $U = 1.73$ 时，控制器的确切量输出为

$$u = K_u U = \frac{30}{3} \times 1.73 = 17.3\%$$

6. 模糊控制器设计实例

（1）单输入模糊控制器的设计。

【例 5-13】　已知某汽温控制系统结构如图 5-9 所示，采用喷水减温进行控制。设计单输入模糊控制器，观察定值扰动和内部扰动的控制效果。

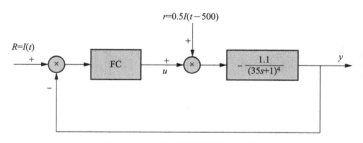

图 5-9　单回路模糊控制系统

解　按表 5-2 确定模糊变量 $\underline{E}$、$\underline{U}$ 的隶属函数，按表 5-3 确定模糊控制规则，选择温度偏差 e、控制量 u 的实际论域为 $e = u \in [-1.5, 1.5]$，选择 e、u 的等级量论域为 $E = U = \{-3, -2, -1, 0, +1, +2, +3\}$，量化因子为

$$K = \frac{2 \times 3}{1.5 - (-1.5)} = 2$$

当选择模糊词集为 {NB, NS, ZO, PS, PB} 时，确定等级量 $\underline{E}$、$\underline{U}$ 的隶属函数曲线如图 5-10 所示。根据隶属函数曲线可以得到模糊变量 $\underline{E}$、$\underline{U}$ 的赋值表见表 5-5。

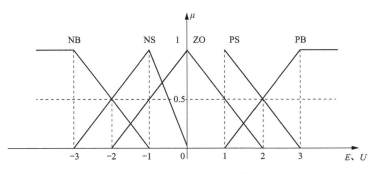

图 5-10　E、U 的隶属函数曲线

表 5-5　　　　　　　　　　　　　　　　模糊变量 $\underline{E}$、$\underline{U}$ 的赋值表（μ）

$\underline{E}$、$\underline{U}$　　μ　　等级量	-3	-2	-1	0	1	2	3
PB	0	0	0	0	0	0.5	1
PS	0	0	0	0	1	0.5	0
ZO	0	0	0.5	1	0.5	0	0
NS	0	0.5	1	0	0	0	0
NB	1	0.5	0	0	0	0	0

可得到该系统的单输入模糊控制的仿真程序 FC_SI_main.m（MATLAB）和 FC_SI_main.py（Python），扫描二维码 5-5 获取，仿真结果如图 5-11 所示。

二维码5-5

单输入模糊控制
的仿真程序

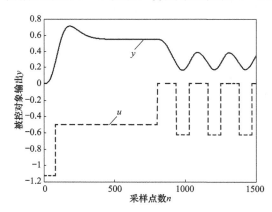

图 5-11　单输入模糊控制器的控制效果

从上述的仿真结果可以看到，定值扰动时系统可以达到稳定，但是有很大的静差，不能满足工程上的要求。究其原因是，模糊控制器实质上是一个具有继电器型非线性特性的控制器（见图 5-11 中的 u），没有积分作用，对于自平衡对象一定会产生静差，而且系统极容易产生振荡。从图 5-11 可看出，虽然设计的模糊控制器对定值扰动是稳定的，但对于内扰并不能使其稳定。非线性控制器的控制效果取决于各变量的论域及扰动量的大小，

因此模糊控制器的大范围工程应用还有许多问题需要研究。

（2）双输入模糊控制器的设计。

【例 5-14】　对于图 5-9 所示的系统，设计双输入模糊控制器，观察定值扰动和内部扰动的控制效果。

解　设温度偏差 e、偏差变化率 ec 及控制量 u 的实际论域为 $e＝ec＝u\in[-1.5，1.5]$，选择它们的等级量论域分别为

$$E=\{-6，-5，-4，-3，-2，-1，-0，+0，+1，+2，+3，+4，+5，+6\}$$
$$EC=\{-6，-5，-4，-3，-2，-1,0，+1，+2，+3，+4，+5，+6\}$$
$$U=\{-7，-6，-5，-4，-3，-2，-1,0，+1，+2，+3，+4，+5，+6，+7\}$$

量化因子 $K_{e,ec}=\dfrac{2\times6}{1.5-(-1.5)}=4$；$K_u=\dfrac{2\times7}{1.5-(-1.5)}=\dfrac{14}{3}$。

$\underline{E}$ 的模糊变量词集为

$$\{NB,NM,NS,NO,PO,PS,PM,PB\}$$

选取模糊变量 $\underline{E}$ 的赋值表见表 5-6。

表 5-6　　　　　　　　　　　　　　e 的等级量与模糊量的关系

$\underline{E}$ ＼ E	−6	−5	−4	−3	−2	−1	−0	+0	+1	+2	+3	+4	+5	+6
PB	0	0	0	0	0	0	0	0	0	0	0.1	0.4	0.8	1.0
PM	0	0	0	0	0	0	0	0	0	0.2	0.7	1.0	0.7	0.2
PS	0	0	0	0	0	0	0	0.3	0.8	1.0	0.5	0.1	0	0
PO	0	0	0	0	0	0	0	1.0	0.6	0.1	0	0	0	0
NO	0	0	0	0.1	0.6	1.0	0	0	0	0	0	0	0	0
NS	0	0	0.1	0.5	1.0	0.8	0.3	0	0	0	0	0	0	0
NM	0.2	0.7	1.0	0.7	0.2	0	0	0	0	0	0	0	0	0
NB	1.0	0.8	0.4	0.1	0	0	0	0	0	0	0	0	0	0

选取 $\underline{EC}$、$\underline{U}$ 的模糊变量词集为

$$\{NB，NM，NS，ZO，PS，PM，PB\}$$

选取模糊变量 $\underline{EC}$ 的赋值表见表 5-2，选取模糊变量 $\underline{U}$ 的赋值表见表 5-7。

表 5-7　　　　　　　　　　　　　等级量 U 与模糊量 $\underline{U}$ 的关系

$\underline{U}$ ＼ U	−7	−6	−5	−4	−3	−2	−1	0	+1	+2	+3	+4	+5	+6	+7
PB	0	0	0	0	0	0	0	0	0	0	0	0.1	0.4	0.8	1.0
PM	0	0	0	0	0	0	0	0	0	0.2	0.7	1.0	0.7	0.2	0
PS	0	0	0	0	0	0	0	0.4	1.0	0.8	0.4	0.1	0	0	0
ZO	0	0	0	0	0	0	0.5	1.0	0.5	0	0	0	0	0	0
NS	0	0	0	0.1	0.4	0.8	1.0	0.4	0	0	0	0	0	0	0
NM	0	0.2	0.7	1.0	0.7	0.2	0	0	0	0	0	0	0	0	0
NB	1.0	0.8	0.4	0.1	0	0	0	0	0	0	0	0	0	0	0

双输入时的控制策略汇总见表 5-8。

表 5-8			双输入时的模糊控制规则表					
$\begin{array}{c}\ \ E\\ \ U\\ EC\end{array}$	NB	NM	NS	NO	PO	PS	PM	PB
NB	PB	PB	PM	PM	PM	PS	ZO	ZO
NM	PB	PB	PM	PM	PM	PS	ZO	ZO
NS	PB	PB	PM	PS	PS	ZO	NS	NM
ZO	PB	PM	PS	ZO	ZO	NS	NM	NB
PS	PM	PM	PS	ZO	NS	NS	NM	NB
PM	PM	PS	ZO	NS	NM	NM	NB	NB
PB	PS	ZO	NS	NM	NM	NB	NB	NB

按照前面的设计过程，可以得到双输入模糊控制主程序 FC＿MI＿main.m（MATLAB）和 FC＿MI＿main.py（Python），扫描二维码 5-6 获取，仿真结果如图 5-12 所示。

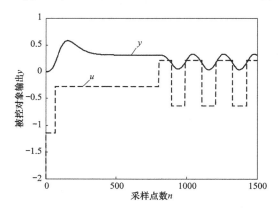

图 5-12　双输入模糊控制器的控制效果

双输入模糊控制器能使系统快速达到稳定，但是仍然存在很大的静差，不满足工程要求。与单输入模糊控制器一样，不能使内扰时稳定。

从上述的模糊控制器的设计过程可以看出，当选择了基本论域（e、ec、u）、等级量（E、EC、U）论域、模糊量（$\underline{E}$、$\underline{EC}$、$\underline{U}$）论域及控制规则后，模糊关系 R 就已确定，因此，可以在进行实时控制前，将控制量 $\underline{U}$ 全部算出，并形成一个控制表，实时控制时，根据 E 和 $\underline{EC}$，从控制表中即可查找到相应的控制量 $\underline{U}$，这样可以大大提高实时控制时的计算速度。

对于本例的模糊控制表的计算程序 FC＿MI＿CTable.m（MATLAB）和 FC＿MI＿CTable.py（Python），可扫描二维码 5-7 获取，得到的模糊控制表见表 5-9。

表 5 - 9　　　　　　　　　　模　糊　控　制　表

E \ EC	−6	−5	−4	−3	−2	−1	−0	+0	+1	+2	+3	+4	+5	+6
−6	7	7	7	7	4	4	4	4	1	1	0	0	0	0
−5	7	7	7	7	4	4	4	4	1	1	0	0	0	0
−4	7	7	7	7	4	4	4	4	1	1	0	0	0	0
−3	7	7	7	7	4	4	1	1	0	0	−1	−1	−4	−4
−2	7	7	7	7	4	4	1	1	0	0	−1	−1	−4	−4
−1	7	7	7	7	4	4	1	1	0	0	−1	−1	−4	−4
0	7	7	4	4	1	1	0	0	−1	−1	−4	−4	−7	−7
+1	4	4	4	4	1	1	0	−1	−1	−1	−4	−4	−7	−7
+2	4	4	4	4	1	0	−1	−1	−1	−4	−4	−7	−7	−7
+3	4	4	1	1	0	0	−1	−4	−4	−4	−7	−7	−7	−7
+4	4	4	1	1	0	0	−1	−4	−4	−4	−7	−7	−7	−7
+5	1	1	0	0	−1	−1	−4	−4	−7	−7	−7	−7	−7	−7
+6	1	1	0	0	−1	−1	−4	−4	−7	−7	−7	−7	−7	−7

5.4　带自调整因子的模糊控制器设计

5.4.1　控制规则的解析描述

模糊控制理论发展初期，大多采用吊钟形的隶属函数（正态函数），但近几年已改用三角形的隶属函数，这是由于三角形曲线形状简单，当输入量变化时，比正态分布的隶属函数具有更大的灵敏性，且在性能上与吊钟形几乎没有差别。

通常，由于事先对被控对象缺乏先验知识，往往难以选择有效的隶属函数。此时，一般选择隶属函数为对称三角形，使输入变量 e、ec 和输出变量 u 的等级量论域相等，它们的模糊变量论域也相等，且模糊变量与等级量的个数也相等。例如

$$\{E\} = \{EC\} = \{U\} = \{-3, -2, -1, 0, 1, 2, 3\}$$

$$\{\underline{E}\} = \{\underline{EC}\} = \{\underline{U}\} = \{NB, NM, NS, ZO, PS, PM, PB\}$$

它们的隶属函数曲线如图 5 - 6 所示，选取模糊控制表见表 5 - 10。

表 5 - 10　　　　　　　论域相等时的模糊控制规则表

EC \ E	NB	NM	NS	ZO	PS	PM	PB
NB	PB	PB	PM	PM	PS	PS	ZO
NM	PB	PM	PM	PS	PS	ZO	NS
NS	PM	PM	PS	PS	ZO	NS	NS

续表

E U EC	NB	NM	NS	ZO	PS	PM	PB
ZO	PM	PS	PS	ZO	NS	NS	NM
PS	PS	PS	ZO	NS	NS	NM	NM
PM	PS	ZO	NS	NS	NM	NM	NB
PB	ZO	NS	NS	NM	NM	NB	NB

使用 5.3 节的程序可以得到该模糊控制器的控制表，见表 5-11。

表 5-11　　　　　　　　　　　　　论域相等时的模糊控制表

E U EC	-3	-2	-1	0	1	2	3
-3	3	3	2	2	1	1	0
-2	3	2	2	1	1	0	-1
-1	2	2	1	1	0	-1	-1
0	2	1	1	0	-1	-1	-2
1	1	1	0	-1	-1	-2	-2
2	1	0	-1	-1	-2	-2	-3
3	0	-1	-1	-2	-2	-3	-3

从表 5-11 中不难看出，给出的控制规则可以用一个解析表达式概括为

$$U = - < (E + \text{EC})/2 > \tag{5-36}$$

即模糊控制器的输出等于偏差和偏差的变化率等级量的平均值。式（5-36）中的负号表示控制器为负作用；<>表示尖括号内的数值四舍五入至最近整数。

为了适应不同被控对象的要求，在式（5-36）的基础上引进一个调整因子 α，得到一种带有自调整因子的控制规则为

$$U = - < \alpha E + (1-\alpha)\text{EC} >, \quad \alpha \in (0,1) \tag{5-37}$$

式中：α 为调整因子，又称加权因子。

当 $\alpha = 0.5$ 时，该公式退化成式（5-36），即此时偏差量和偏差的变化率具有相同的权重。采用这种控制规则比较简单易行，仅反复调整加权因子，改变偏差量和偏差变化率的权重即可获得最佳的控制规则。例如，当被控对象阶次较低时，对偏差的加权值大于对偏差变化率的加权值；相反，当被控对象阶次较高时，对偏差变化率的加权值要大于对偏差的加权值。

二维码5-8

带自调整因子的模糊
控制器程序

【例 5-15】　对于图 5-9 所示的系统，使用带自调整因子的模糊控制器进行控制，取各变量的等级量论域 E，EC，$U \in [-7 \quad 7]$，观察自调整因子分别为 $\alpha = [0.1 \quad 0.2 \quad 0.3 \quad 0.4 \quad 0.5 \quad 0.6 \quad 0.7 \quad 0.8 \quad 0.9]$ 时的控制效果。

解　带自调整因子的模糊控制器程序 FC_RC1_Main.m（MATLAB）和 FC_RC1_Main.py（Python）可扫描二维码 5-8 获取，控制效果如图 5-13 所示。

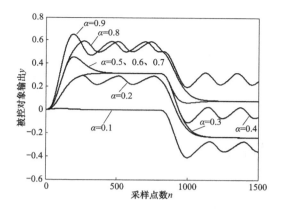

图 5-13　$\alpha = [0.1\quad 0.2\quad 0.3\quad 0.4\quad 0.5\quad 0.6\quad 0.7\quad 0.8\quad 0.9]$ 时的控制效果

5.4.2　模糊控制规则的自调整与自寻优

带有一个调整因子 α 调整模糊控制规则的模糊控制器，虽然可以改变 α 的大小调整控制规则，但 α 值一旦选定，在整个控制过程中就不再改变，即在控制规则中，对偏差与偏差变化率的加权固定不变。应该指出，模糊控制系统在不同的状态下，对控制规则中偏差 E 与偏差变化率 EC 的加权程度有不同的要求。

对二维模糊控制器的控制系统而言，当偏差较大时，控制系统的主要任务是消除偏差，此时对偏差在控制规则中的加权应该大些；相反，当偏差较小时，此时系统已接近稳态，控制系统的主要任务是使系统尽快稳定，为此必须减小超调，这样就要求在控制规则中偏差变化率起的作用大些，即对偏差变化率加权大些。这些要求只靠一个固定的调整因子 α 难以满足，于是考虑在不同的偏差等级引入不同的调整因子，以实现对模糊控制规则的自调整。

1. 带有两个调整因子的控制规则

根据上述思想，考虑两个调整因子 α_1 及 α_2，当偏差较小时，控制规则由 α_1 来调整；当偏差较大时，控制规则由 α_2 来调整。如果选取

$$\{E\} = \{EC\} = \{U\} = \{-3, -2, -1, 0, 1, 2, 3\} \tag{5-38}$$

则控制规则可表示为

$$U = \begin{cases} -<\alpha_1 E + (1-\alpha_1)EC>, & E = 0, \pm 1 \\ -<\alpha_2 E + (1-\alpha_2)EC>, & E = \pm 2, \pm 3 \end{cases} \tag{5-39}$$

式中：α_1、$\alpha_2 \in (0, 1)$。

【例 5-16】　已知某汽包水位系统中的汽包水位与给水量之间的传递函数为

$$G(s) = \frac{0.034}{s(44s+1)}$$

按照上述的规则，设计带有两个调整因子的模糊控制器，选取 $\alpha_1 = 0.4$、$\alpha_2 = 0.6$，$\alpha_1 = 0.5$、$\alpha_2 = 0.8$ 或 $\alpha_1 = \alpha_2 = 0.5$，模糊控制器的输入和输出变量的基本论域为 $[-1.5, 1.5]$，比较带有一个及两个调整因子的模糊控制器的控制性能。

解　按照上述的控制规则，带有两个调整因子的模糊控制器的仿真程序 FC_RC2_Main. m（MATLAB）和 FC_RC2_Main. py（Python）可扫描二维码 5-9 获取，控制效

果如图 5 - 14 所示。

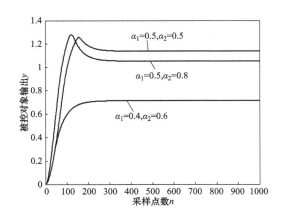

图 5 - 14　带有两个调整因子控制器的控制效果比较

从响应曲线中可以看出，合理选择两个调整因子，会得到较好的控制效果，这表明带两个调整因子的控制规则具有一定的优越性。但是，模糊控制效果的好坏，主要取决于模糊控制器的输入和输出变量的基本论域、等级量论域以及扰动值的大小，因此选择调整因子时，要与这些参数共同选择。

2. 带有多个调整因子的控制规则

如果对于每一个偏差等级都各自引入一个调整因子，就构成了带多个调整因子的控制规则。从理论上讲，这样有利于满足控制系统在不同被控状态下对调整因子的不同要求。例如，当选取式（5 - 38）的偏差 E、偏差变化率 EC 及控制量 U 的论域时，则带多个调整因子的控制规则可表示为

$$U=\begin{cases} -<\alpha_0 E+(1-\alpha_0)\mathrm{EC}>, & E=0 \\ -<\alpha_1 E+(1-\alpha_1)\mathrm{EC}>, & E=\pm 1 \\ -<\alpha_2 E+(1-\alpha_2)\mathrm{EC}>, & E=\pm 2 \\ -<\alpha_3 E+(1-\alpha_3)\mathrm{EC}>, & E=\pm 3 \end{cases} \tag{5-40}$$

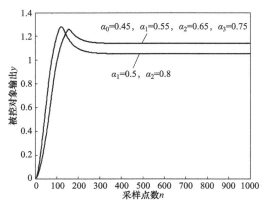

图 5 - 15　带有四个调整因子与带有两个调整
因子的控制器的控制效果

式中：调整因子 α_0、α_1、α_2、$\alpha_3 \in (0, 1)$。

当调整因子取为 $\alpha_0=0.45$、$\alpha_1=0.55$、$\alpha_2=0.65$、$\alpha_3=0.75$ 时，对于 ［例 5 - 15］的控制系统的阶跃响应曲线如图 5 - 15 所示。

从图 5 - 15 中可以看到，带有多个调整因子的控制器的控制品质并不比带有两个加权因子（$\alpha_1=0.5$，$\alpha_2=0.8$）的好。究其原因是因为模糊控制器的控制品质主要取决于模糊控制器的输入和输出变量的基本论域、等级量论域以及扰动值的大小，调整因子的细分并不重要。

许多资料都在探讨如何自己优化出调整

因子,从上述的例题中可以看到,调整因子虽然影响控制品质,但是在工程中,一个系统的扰动是未知的,因此,在某一确定扰动下优化出的调整因子并不能满足所有扰动的需要,因此,优化调整因子没有太大意义。

5.4.3 影响模糊控制效果的参数的讨论

1. 偏差及偏差变化率的初始论域对模糊控制效果的影响

对于［例5-16］所示的系统,选择调整因子 $\alpha_1=0.5$,$\alpha_2=0.8$,$E=EC=U=[-3,3]$,$u=[-1.5,1.5]$,偏差及偏差变化率的初始论域取不同的值时,所得到的控制效果如图5-16所示。

从图5-16中可以看到,当取 $e=ec=[-0.1,0.1]$ 时,控制效果最好,如果再考虑控制器的输出,当 $e=ec=[-0.5,0.5]$ 时,综合控制效果最好。随着初始论域的增大,控制效果越来越差,当 $e=ec=[-8,8]$ 时,论域过大,扰动量小,以致于不能使控制器输出起到控制作用。由此可见,选择初始论域的重要性。特别指出的是,此实验仅仅是在扰动量 $R=1$ 的情况下得到的结果,当 R 发生变化时,控制效果会不同。

2. 扰动量的变化对模糊控制效果的影响

（1）定值扰动的影响。对于［例5-16］所示的系统,选择调整因子 $\alpha_1=0.5$,$\alpha_2=0.8$,$e=ec=[-0.5,0.5]$,$u=[-1.5,1.5]$,$E=EC=U=[-3,3]$,定值扰动量取不同的值时,所得到的控制效果如图5-17所示。

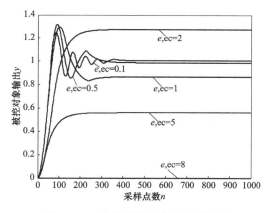

图5-16 偏差及偏差变化率的初始
论域不同时的控制效果

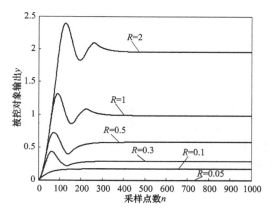

图5-17 定值扰动的幅值变化对模糊
控制效果产生的影响

从图5-17可以看出,当 $R\geqslant0.1$ 时,模糊控制开始起作用;当 $R\geqslant1$ 时,系统响应的衰减率相同,静差接近为0,但是随着扰动幅值的增大,调节速度明显降低。这也正是模糊控制器的优点,为了达到希望值,又不使系统过调,以减小调节速度来达到目的。

（2）内扰的影响。通过前面的分析可知,模糊控制器的控制规则是依据输入变量和输出变量设计的,不能够反映出输入扰动之前的其他扰动对输出变量的影响,所以对于其他的内扰信号,模糊控制器没有办法消除影响。

3. 偏差、偏差变化率及输出的等级量论域对模糊控制效果的影响

对于例5-16所示的系统,选择调整因子 $\alpha_1=0.5$,$\alpha_2=0.8$,$e=ec=[-0.5,0.5]$,

$u=[-1.5，1.5]$，$R=1$，偏差、偏差变化率及输出的等级量论域取不同的值时，所得到的控制效果如图 5-18 所示。

从图 5-18 中可以看出，定值扰动时，等级量的论域变化对控制效果产生的影响是非常小的，这主要是因为模糊控制并不是根据偏差及偏差变化率的变化立即改变控制器的输出，只有当这个变化达到一定程度时，控制器的输出才发生变化。这也是模糊控制器输出的变化率较低的原因。

4.输出的初始论域对模糊控制效果的影响

对于例 5-16 所示的系统，选择调整因子 $\alpha_1=0.5$，$\alpha_2=0.8$，$e=ec=[-0.5，0.5]$，$E=EC=U=[-3，3]$，$R=1$，控制器输出的初始论域取不同的值时，所得到的控制效果如图 5-19 所示。

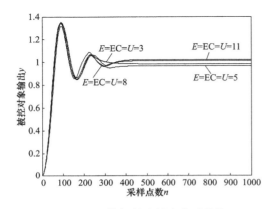

图 5-18　等级量论域变化对模糊
控制效果产生的影响

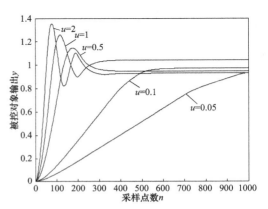

图 5-19　输出的初始论域对模糊
控制效果的影响

从图 5-19 中可以看出，当输出的初始论域较小时（$u=0.05$、0.1），控制系统的响应速度比较缓慢；当输出的初始论域较大时，响应速度加快，超调量也逐渐加大。究其原因是，输出的初始论域是执行器一次变化允许的最大行程，当选择较小的行程时，控制作用较弱，使系统缓慢地达到希望值。虽然模糊控制器输出的初始论域可以影响控制品质，但是在实际应用时并不能随意选取，要视工程中的实际情况而定。

5.5　模糊与 PID 复合控制

由 5.3、5.4 节可知，设计模糊控制器时，各参数的设定并不是根据被控对象的数学模型来确定的，由此说明模糊控制对被控对象的非线性和时变性具有一定的适应能力，且鲁棒性较好。此外，从前面各例题的仿真结果来看，如果能使系统稳定，那么所需的控制作用频率是很低的，即执行器不需要频繁动作，这一特性是工程中特别需要的。但是，模糊控制的最大问题是它不能保证系统无静差，这不满足许多工程问题的要求。PID 控制器具有原理简单、使用方便、鲁棒性强、控制品质对过程变化灵敏度较低、控制器参数整定比较容易、无静差调节等特点，一直是工业过程控制领域的主导控制器。将模糊控制和 PI 控制相结合构成复合控制器，发挥两种控制器的优点，从而可以扩大模糊控制的应用领域。

5.5.1 模糊与 PID 串联控制

在基本模糊控制系统中,模糊控制表的输出要经过一个输出环节转换为实际控制量再作用到被控对象上。常用的输出环节有两种:比例输出和积分输出。比例输出是基本模糊控制器,它的阶跃响应较快,而且为有差控制。积分输出形式较多,图 5-20 所示为其中的一种。在模糊控制器和被控对象之间串入了一个积分器。积分输出可使系统的静差较小(取决于偏差的等级量论域),但响应较慢,超调较大,而且极易使系统不稳定。因此,并不推荐使用这种方式。

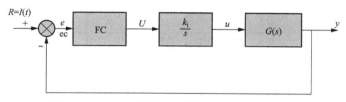

图 5-20 串入纯积分环节的模糊控制器结构图

【例 5-17】 对于例 3-1 所示的系统,主回路使用模糊与积分串联的复合控制器,副控制器使用 PI 控制律(见图 5-21),且已经优化出 $\delta_2 = 0.55$, $T_{i2} = 48.7$。设计复合控制器,并与 PID 控制器(第 3 章的优化结果:$\delta_1 = 1.49$, $T_{i1} = 200$)的控制效果进行比较。

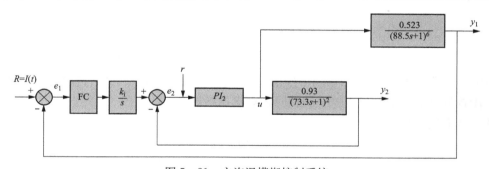

图 5-21 主汽温模糊控制系统

解 选取模糊控制器中的参数为

$e = ec = [-4, 4]$, $u = [-1, 1]$, $E = EC = U = [-8, 8]$, $k_i = 0.013$, $\alpha = 0.5$

模糊与积分串联的复合模糊控制器的仿真程序 FCI_Main.m(MATLAB)和 FCI_Main.py(Python)可扫描二维码 5-10 获取。

与单纯 PI 控制器的控制效果比较如图 5-22 所示。从图 5-22 中不难看出,单纯 PI 控制器的控制品质(过渡时间、稳态偏差)优于复合模糊控制器,这是因为在模糊控制器与执行器之间串入了积分器,从而使调节速度变缓。

二维码5-10

模糊与积分串联的
复合模糊控制器的
仿真程序

5.5.2 模糊与 PID 并联控制

模糊控制器与 PID 控制器并联的复合模糊控制系统如图 5-23 所

示。在该种控制方式中，相当于在 PI 控制器的比例通道并入一个非线性比例环节，以提高调节速度。

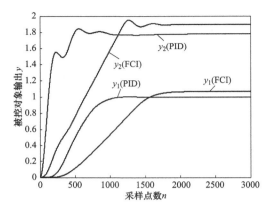

图 5-22　复合模糊控制器与单纯 PI 控制器的比较

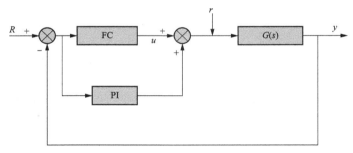

图 5-23　模糊与 PID 并联的复合模糊控制器系统结构图

【例 5-18】　对于例 5-17 所示的系统，使用模糊与 PID 并联的复合模糊控制方式，要求主、副控制器的参数与例 5-17 的相同，对比控制效果。

解　选取模糊控制器中的参数为

$$e = \text{ec} = u = [-1, 1], \ E = \text{EC} = U = [-8, 8], \ \alpha = 0.5$$

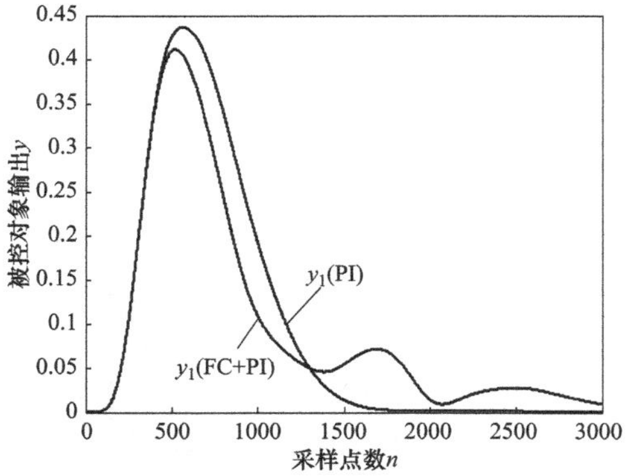

加入内部扰动 $R = 1$ 时，得到的 FC+PI 的复合控制器及纯 PI 控制器的控制效果如图 5-24 所示。从图 5-24 中可以看出，在比例通道并入模糊控制器后，调节速度得到明显提高。

5.5.3　模糊自整定 PID 控制

1. 模糊 PID 参数自整定控制的基本原理

PID 控制要求模型结构非常精确，而在实际的应用中，大多数工业过程都不同程度地存在非线性、参数时变性和模型不确定性的特点，因而采用常规 PID 控制无法实现对过程的精确控制。而模糊控制对数学模型的依赖性

图 5-24　模糊与 PI 并联的复合控制器
与单纯 PI 控制器的比较

弱，不需要建立过程的精确数学模型，只需将模糊规则以及有关信息（如评价指标、初始

PID 参数）作为知识存入计算机知识库中，然后计算机根据控制系统的实际情况，运用模糊推理，即可自动实现对 PID 参数的最佳调整，这就是模糊自整定 PID 控制。

模糊自整定 PID 参数控制是以偏差 e 和偏差变化率 ec 作为模糊 PID 控制器的输入，可以满足不同时刻的 e 和 ec 对 PID 参数整定的要求。利用模糊控制规则在线对 PID 参数 K_p、K_i、K_d 进行修改，便构成了模糊自整定 PID 控制器，其控制系统结构如图 5-25 所示。

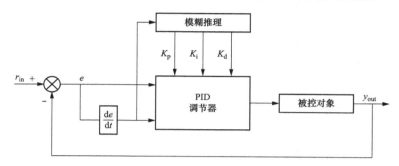

图 5-25 模糊 PID 控制系统结构

PID 参数模糊自整定是找出 PID 的 3 个参数与 e 和 ec 之间的模糊关系，在运行中通过不断检测 e 和 ec，根据模糊控制原理对这 3 个参数进行在线修改，以满足不同 e 和 ec 对控制参数的不同要求，使被控对象具有良好的动态、静态性能。

从系统的稳定性、响应速度、超调量和稳态精度等各方面来考虑，K_p、K_i、K_d 的作用如下：

（1）比例系数 K_p 的作用是加快系统的响应速度，提高系统的调节精度。K_p 越大，系统的响应速度越快，调节精度越高，但易产生超调，甚至会导致系统不稳定。K_p 取值过小，会降低调节精度，使响应速度变慢，从而延长调节时间，使系统静态、动态特性变坏。

（2）积分系数 K_i 的作用是消除系统的稳态偏差。K_i 越大，系统的静态偏差消除越快，但 K_i 过大，在响应过程中的初期会产生积分饱和现象，从而引起响应过程的较大超调。若 K_i 过小，将使系统静态偏差难以消除，影响系统的调节精度。

（3）微分系数 K_d 的作用是改善系统的动态特性，主要是在响应过程中抑制偏差向任何方向的变化，对偏差的变化进行提前预报。但 K_d 过大，会使响应过程提前制动，从而延长调节时间，而且会降低系统的抗干扰性能。

PID 参数的整定必须考虑到在不同时刻 3 个参数的作用以及相互之间的互联关系。

模糊自整定 PID 是在 PID 算法的基础上，通过计算当前系统偏差 e 和偏差变化率 ec，利用模糊规则进行模糊推理，查询模糊规则表进行参数调整。

2. 模糊整定规则表的确定

模糊控制设计的核心是总结工程设计人员的技术知识和实际操作经验，建立合适的模糊规则表，得到针对 K_p、K_i、K_d 3 个参数分别整定的模糊控制表，见表 5-12～表 5-14。

3. 计算 PID 参数的调整表

K_p、K_i、K_d 的模糊整定规则表建立好后，可根据如下方法进行 K_p、K_i、K_d 的自适应校正。

选取偏差 e、偏差变化率 ec 以及 K_p、K_i、K_d 的等级量论域为

表 5 – 12 K_p 的模糊整定规则

ΔK_p e \ ec	NB	NM	NS	ZO	PS	PM	PB
NB	PB	PB	PM	PM	PS	ZO	NS
NM	PB	PB	PB	PM	PS	ZO	NS
NS	PM	PM	PM	PS	ZO	NS	NS
ZO	PM	PM	PS	ZO	NS	NM	NM
PS	PS	PS	ZO	NS	NS	NM	NM
PM	PS	ZO	NS	NM	NM	NM	NB
PB	ZO	ZO	NM	NM	NM	NB	NB

表 5 – 13 K_i 的模糊整定规则

ΔK_i e \ ec	NB	NM	NS	ZO	PS	PM	PB
NB	NB	NB	NM	NM	NS	ZO	ZO
NM	NB	NB	NM	NS	NS	ZO	ZO
NS	NB	NM	NS	NS	ZO	PS	PS
ZO	NM	NM	NS	ZO	PS	PM	PM
PS	NM	NS	ZO	PS	PS	PM	PB
PM	ZO	ZO	PS	PS	PM	PB	PB
PB	ZO	ZO	PS	PM	PM	PB	PB

表 5 – 14 K_d 的模糊整定规则

ΔK_d e \ ec	NB	NM	NS	ZO	PS	PM	PB
NB	PS	NS	NB	NB	NB	NM	PS
NM	PS	NS	NB	NM	NM	NS	ZO
NS	ZO	NS	NM	NM	NS	NS	ZO
ZO	ZO	NS	NS	NS	NS	NS	ZO
PS	ZO	ZO	ZO	ZO	ZO	ZO	ZO
PM	PB	NS	PS	PS	PS	PS	PB
PB	PB	PM	PM	PM	PS	PS	PB

$$e, ec, K_p, K_i, K_d = [-6, -5, -4, -3, -2, -1, 0, 1, 2, 3, 4, 5, 6]$$

其模糊子集为

$$E, EC, \Delta K_p, \Delta K_i, \Delta K_d = [NB, NM, NS, ZO, PS, PM, PB]$$

设 e、ec 和 K_p、K_i、K_d 均服从正态分布，因此可得出各模糊子集的隶属度表，见表 5 – 2。根据模糊控制表的计算程序 FC _ MI _ CTable.m（见二维码 5 – 7）可得到 K_p、

K_i、K_d 的调整表，见表 5-15～表 5-17。

表 5-15   修正量 ΔK_p 的调整表

ΔK_p E \ EC	−6	−5	−4	−3	−2	−1	0	1	2	3	4	5	6
−6	6	6	6	4	4	4	4	2	2	0	0	0	0
−5	6	6	6	4	4	4	4	2	2	0	0	0	0
−4	6	6	6	4	4	4	2	2	2	0	0	−2	−2
−3	4	4	4	4	4	4	2	0	0	−2	−2	−2	−2
−2	4	4	4	4	4	4	2	0	0	−2	−2	−2	−2
−1	4	4	4	4	4	4	2	0	0	−2	−2	−2	−2
0	4	4	4	2	2	2	0	−2	−2	−4	−4	−4	−4
1	2	2	2	0	0	0	−2	−2	−2	−4	−4	−4	−4
2	2	2	2	0	0	0	−2	−2	−2	−4	−4	−4	−4
3	2	2	0	−2	−2	−2	−4	−4	−4	−4	−4	−6	−6
4	2	2	0	−2	−2	−2	−4	−4	−4	−4	−4	−6	−6
5	0	0	0	−4	−4	−4	−4	−4	−4	−6	−6	−6	−6
6	0	0	0	−4	−4	−4	−4	−4	−4	−6	−6	−6	−6

表 5-16   修正量 ΔK_i 的调整表

ΔK_i E \ EC	−6	−5	−4	−3	−2	−1	0	1	2	3	4	5	6
−6	−6	−6	−6	−4	−4	−4	−4	−2	−2	0	0	0	0
−5	−6	−6	−6	−4	−4	−4	−4	−2	−2	0	0	0	0
−4	−6	−6	−6	−4	−4	−4	−4	−2	−2	0	0	0	0
−3	−6	−6	−6	−4	−4	−2	−4	−2	−2	0	0	0	0
−2	−6	−6	−4	−2	−2	−2	−2	0	0	2	2	2	2
−1	−6	−6	−4	−2	−2	−2	−2	0	0	2	2	2	2
0	−6	−6	−4	−2	−2	−2	−2	0	0	2	2	2	2
1	−4	−4	−4	−2	−2	0	−2	2	2	4	4	4	4
2	−4	−4	−2	0	0	2	0	2	2	4	4	6	6
3	−4	−4	−2	0	0	2	0	2	2	4	4	6	6
4	0	0	0	2	2	2	2	4	4	6	6	6	6
5	0	0	0	2	2	2	2	4	4	6	6	6	6
6	0	0	0	2	2	4	2	4	4	6	6	6	6

表 5-17 修正量 ΔK_d 的调整表

E \ EC	−6	−5	−4	−3	−2	−1	0	1	2	3	4	5	6
−6	2	2	−2	−6	−6	−6	−6	−6	−6	−4	−4	2	2
−5	2	2	−2	−6	−6	−6	−6	−6	−6	−4	−4	2	2
−4	2	2	−2	−6	−6	−6	−6	−4	−4	−2	−2	0	0
−3	0	0	−2	−4	−4	−4	−4	−2	−2	−2	−2	0	0
−2	0	0	−2	−4	−4	−4	−4	−2	−2	−2	−2	0	0
−1	0	0	−2	−4	−4	−4	−4	−2	−2	−2	−2	0	0
0	0	0	−2	−2	−2	−2	−2	−2	−2	−2	−2	0	0
1	0	0	0	0	0	0	0	0	0	0	0	0	0
2	0	0	0	0	0	0	0	0	0	0	0	0	0
3	6	6	2	2	2	2	2	2	2	2	2	6	6
4	6	6	2	2	2	2	2	2	2	2	2	6	6
5	6	6	4	4	4	4	4	4	4	2	2	6	6
6	6	6	4	4	4	4	4	4	4	2	2	6	6

在进行控制前，先根据某一工况下的数学模型，用优化的方法优化出一组初始的 PID 参数 K_{p_0}、K_{i_0}、K_{d_0}，控制时，再根据选取偏差 e 及偏差变化率 ec 从上述的 3 个表中分别查出 PID 控制器 3 个参数的修正量 ΔK_p、ΔK_i、ΔK_d，然后按式（5-41）计算出 PID 的实际参数为

$$\begin{cases} K_p = K_{p_0} + \Delta K_p \\ K_i = K_{i_0} + \Delta K_i \\ K_d = K_{d_0} + \Delta K_d \end{cases} \tag{5-41}$$

【例 5-19】 某 300MW 循环流化床中燃料量与床温关系辨识模型见表 5-18。使用模糊自整定 PID 控制，观察四种工况下的控制效果，并与 PID 控制进行比较。

表 5-18 各工况点下燃料量与床温关系模型

工况点	传递函数模型
100%负荷	$G(s) = \dfrac{3.74}{148s+1} e^{-276s}$
80%负荷	$G(s) = \dfrac{4.36}{(192s+1)^2} e^{-152s}$
60%负荷	$G(s) = \dfrac{5.07}{(220s+1)^2} e^{-86s}$
40%负荷	$G(s) = \dfrac{3.78}{(248s+1)^2} e^{-14s}$

解 用第 3 章粒子群优化的方法，可以得到在 60% 负荷下的控制器参数为

$$K_{p_0} = 0.125, \quad K_{i_0} = 0.0004, \quad K_{d_0} = 5$$

根据几种负荷下的传递函数，估算出控制器参数的变换范围，即估算出 K_p、K_i、K_d

的初始论域，即

$$K_p = [0.1, 0.2], \quad K_i = [0.0003, 0.0005], \quad K_d = [3, 7]$$

在运行时，根据 PID 调整表和式（5-41）不断调整 K_p、K_i、K_d 即可。仿真程序 PID_SR_Main.m（MATLAB）和 PID_SR_Main.py（Python）可扫描二维码 5-11 获取，仿真结果如图 5-26 所示。

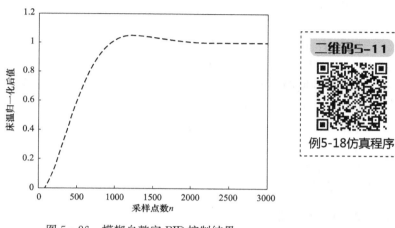

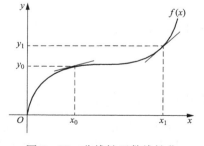

图 5-26　模糊自整定 PID 控制结果

5.6　TS 模糊模型控制

　　Mamdani 型模糊控制是一种基于规则的控制，来源于人的经验，先验知识对于控制效果起决定性作用，并且缺乏系统性的理论工具对 Mamdani 型模糊控制进行稳定性分析以及控制器参数设计。近些年发展起来的基于 TS 模糊模型的模糊控制将先验知识与定量数学描述相结合，解决了传统模糊控制理论分析上的困难，因此得到了广泛的关注与研究。TS 模糊模型的理论基础是利用局部分段线性描述复杂非线性过程。与传统模糊控制最大的区别在于，模糊规则的后件部分用多变量线性方程替代了传统的模糊推理过程，模糊控制器的输出是一个确切量，因此不存在反模糊化的过程。下面针对 TS 模糊模型控制进行详细介绍。

5.6.1　TS 模糊模型的思想

　　TS 模糊模型的思想来源于分段线性化，非线性函数 $f(x)$ 线性化如图 5-27 所示。

　　在 (x_0, y_0)、(x_1, y_1) 附近，可以利用分段线性函数来逼近原非线性函数 $f(x)$ 在这两个点附近的值，当取得点足够多并且分布合理时，可以用多个分段线性函数来描述非线性函数 $f(x)$。

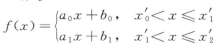

图 5-27　非线性函数线性化

$$f(x) = \begin{cases} a_0 x + b_0, & x_0' < x \leqslant x_1' \\ a_1 x + b_1, & x_1' < x \leqslant x_2' \end{cases}$$

通过图形可以看出，在两个相邻分段函数的交界处，误差最大。

在此基础上，TS 模糊模型通过对分段函数的模糊化来实现交界处的平滑。

$$f(x) = \frac{\omega_0(x-x_0) + \omega_1(x-x_1)}{\omega_0 + \omega_1} \tag{5-42}$$

例如，对于上述的非线性系统，用传统的模糊控制的模糊规则描述如下：

规则 1：if x is X_1 then U_1；

规则 2：if x is X_2 then U_2；

⋮

规则 n：if x is X_n then U_n。

其中：U_1，U_2，$\cdots$，U_n 为模糊量。

换成 TS 模糊模型，前件部分不变，结论部分由模糊量变成了确切量：

规则 1：if x is X_1 then $u = f_1(x)$；

规则 2：if x is X_2 then $u = f_2(x)$；

⋮

规则 n：if x is X_n then $u = f_n(x)$。

其中：u 为确切量。

5.6.2 TS 模糊模型

介绍 TS 模糊控制器设计之前，首先要掌握 TS 模糊模型的建立过程。根据第 4 章的内容，建模的方法主要包括两大类：一类是机理建模；一类是数据驱动建模。TS 模糊模型本质是对不同范围的线性模型的进一步处理，通过设计局部模型的隶属函数，实现整体模型的建立。TS 模糊模型的建立过程如下：

（1）利用先验知识，确定 TS 模糊模型的前件变量。

（2）选择合理的操作点或者静态工作点，操作的数量决定了模糊规则的多少，也决定了模糊控制器设计和实现的难易程度。

（3）在各个操作点处选择合理的线性化模型来描述操作点及附近模型的特征。

（4）选取隶属函数，实现局部模型的平滑过渡，可以通过建模偏差实现隶属函数的修正。

对于如下所示的系统

$$\dot{x}(t) = Ax(t) + Bu(t)$$
$$y(t) = Cx(t) \tag{5-43}$$

采用单点模糊化运算，模糊关系采用相乘运算，TS 模糊模型的全局模型可以表示为

$$\dot{x}(t) = A(\mu)x(t) + B(\mu)u(t)$$
$$y(t) = C(\mu)x(t) \tag{5-44}$$

式中：$A(\mu) = \sum\limits_{i=1}^{n} \mu_i A_i$；$B(\mu) = \sum\limits_{i=1}^{n} \mu_i B_i$；$C(\mu) = \sum\limits_{i=1}^{n} \mu_i C_i$。

通过一个实例来介绍 TS 模糊模型的建模过程。

【例 5-20】 将表 5-19 中描述的某 300MW 循环流化床中燃料量与床温关系辨识模型用 TS 模糊模型来描述。

解 具体建模过程如下：

（1）由于题目中已经给出了几个典型工况点的数学模型，可以直接利用典型工况点的

数学模型，省去了工作点的选择和局部模型的建立过程。

表 5 - 19　　　　　　　　　　　各工况点下燃料量与床温关系模型

工况点	传递函数模型 $\dfrac{K}{(Ts+1)^n}$
90%负荷	$G(s) = \dfrac{3.74}{(148s+1)^2}$
70%负荷	$G(s) = \dfrac{4.36}{(192s+1)^2}$
50%负荷	$G(s) = \dfrac{5.07}{(220s+1)^2}$
30%负荷	$G(s) = \dfrac{6.78}{(248s+1)^2}$

（2）确定 TS 模糊模型的前件变量，题目中给出的是燃料量与床温的关系，因此选择燃料量 x 为前件变量。

（3）选择合理的操作点。

（4）在操作点处选择合理的线性化模型。

（5）选择合理的隶属函数，根据选取的前件变量 x 和操作点，可以确定模糊集为 $\{x_0$（约为 30%），x_1（约为 50%），x_2（约为 70%），x_3（约为 90%）$\}$。可以得到如下 TS 模糊规则：

模糊规则 1：if x (t) is about x_0，then $\dot{x}$ $(t) = A_1 x$ $(t) + B_1 u$ (t)；

模糊规则 2：if x (t) is about x_1，then $\dot{x}$ $(t) = A_2 x$ $(t) + B_2 u$ (t)；

模糊规则 3：if x (t) is about x_2，then $\dot{x}$ $(t) = A_3 x$ $(t) + B_3 u$ (t)；

模糊规则 4：if x (t) is about x_3，then $\dot{x}$ $(t) = A_4 x$ $(t) + B_4 u$ (t)。

各 TS 模糊规则参数取值见表 5 - 20。

表 5 - 20　　　　　　　　　　　各 TS 模糊规则参数取值

模糊规则	参数取值
	$\left(A_i = \begin{bmatrix} -\dfrac{1}{T_i} & \dfrac{1}{T_i} \\ 0 & -\dfrac{1}{T_i} \end{bmatrix},\ B_1 = \begin{bmatrix} 0 \\ \dfrac{K_i}{T_i} \end{bmatrix}\right)$
1	$A_1 = \begin{bmatrix} -\dfrac{1}{148} & \dfrac{1}{148} \\ 0 & -\dfrac{1}{148} \end{bmatrix},\ B_1 = \begin{bmatrix} 0 \\ \dfrac{3.74}{148} \end{bmatrix}$
2	$A_2 = \begin{bmatrix} -\dfrac{1}{192} & \dfrac{1}{192} \\ 0 & -\dfrac{1}{192} \end{bmatrix},\ B_2 = \begin{bmatrix} 0 \\ \dfrac{4.36}{192} \end{bmatrix}$

模糊规则	参数取值
	$(A_i = \begin{bmatrix} -\dfrac{1}{T_i} & \dfrac{1}{T_i} \\ 0 & -\dfrac{1}{T_i} \end{bmatrix}, B_1 = \begin{bmatrix} 0 \\ \dfrac{K_i}{T_i} \end{bmatrix})$
3	$A_3 = \begin{bmatrix} -\dfrac{1}{220} & \dfrac{1}{220} \\ 0 & -\dfrac{1}{220} \end{bmatrix}, B_3 = \begin{bmatrix} 0 \\ \dfrac{5.07}{220} \end{bmatrix}$
4	$A_4 = \begin{bmatrix} -\dfrac{1}{248} & \dfrac{1}{248} \\ 0 & -\dfrac{1}{248} \end{bmatrix}, B_4 = \begin{bmatrix} 0 \\ \dfrac{6.78}{248} \end{bmatrix}$

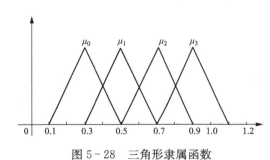

图 5-28 三角形隶属函数

选择三角形隶属函数，如图 5-28 所示。题目所描述的系统可以建立下面所示的 TS 全局模糊模型

$$\dot{x}(t) = A(\mu)x(t) + B(\mu)u(t)$$

式中

$$A(\mu) = \sum_{i=1}^{4} \mu_i A_i, \ B(\mu) = \sum_{i=1}^{4} \mu_i B_i$$

TS 模糊模型在阶梯状输入信号作用下，输出的响应曲线仿真结果如图 5-29 所示。

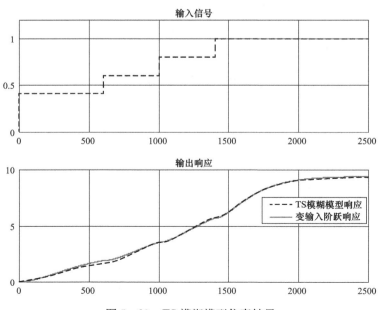

图 5-29 TS 模糊模型仿真结果

5.6.3　基于 TS 模糊模型的模糊控制

基于 TS 模糊模型的并行分布式补偿模糊控制器的模糊规则设计如下：

　　规则 1：if $x_1(t)$ is X_1^1 and $x_2(t)$ is $X_2^1 \cdots$ and $x_m(t)$ is X_m^1 then $u(t) = K_1 v(x)$；

　　规则 2：if $x_1(t)$ is X_1^2 and $x_2(t)$ is $X_2^2 \cdots$ and $x_m(t)$ is X_m^2 then $u(t) = K_2 v(x)$；

　　$\vdots$

　　规则 n：if $x_1(t)$ is X_1^n and $x_2(t)$ is $X_2^n \cdots$ and $x_m(t)$ is X_m^n then $u(t) = K_n v(x)$。

通过模糊推理，控制器的全局模型可以表示为

$$u(t) = \sum_{j=1}^{n} \mu_j K_j v(x) \tag{5-45}$$

针对 TS 模糊模型，设计闭环控制系统为

$$\dot{x}(t) = A_c(\mu) x(t) \tag{5-46}$$

其中

$$A_c(\mu) = \sum_{i=1}^{n} \sum_{j=1}^{n} \mu_i \mu_j (A_i + B_i K_j) \tag{5-47}$$

对于 TS 模糊模型设计闭环控制系统，基于 TS 模糊模型的模糊规则如下：

　　模糊规则 1：if $x(t)$ is about 40%，then $u(t) = K_1 x(t)$；

　　模糊规则 2：if $x(t)$ is about 60%，then $u(t) = K_2 x(t)$；

　　模糊规则 3：if $x(t)$ is about 80%，then $u(t) = K_3 x(t)$；

　　模糊规则 4：if $x(t)$ is about 100%，then $u(t) = K_4 x(t)$。

基于公共李雅普诺夫函数，可以在系统稳定的前提下，获得模糊控制器设计方法。

本　章　小　结

模糊控制由于有了模糊数学的基础，其理论和应用的发展相对成熟。模糊控制的发展大致经历了两个重要的阶段：经典模糊控制阶段和 TS 模糊控制阶段。相比经典模糊控制，TS 模糊控制更适合人们对模糊现象的理解，因此近些年，模糊控制方面的研究主要集中在 TS 模糊控制方面，并且取得了不错的成绩，至少在控制领域，模糊控制比起其他智能控制方法，实际应用成功的案例更多，涉足的领域也更广泛。

随着电力行业智能化建设的开展，先进算法尤其是智能算法必将得到长足的发展，但是模糊控制本身属于有差调节，在高精度场合，需要和其他方法相结合。因此，模糊控制的应用研究将逐渐活跃。

实 验 题

某 600MW 超临界直流锅炉主汽温不同负荷点的模型见表 5-21。设计模糊自整定 PID 控制系统，观察四种工况下的控制效果，如图 5-30 所示。

表 5 - 21　　　　　　　　　　　　　　　控 制 对 象 模 型

负荷点（%）/蒸汽流量 D（kg/s）	导前区 $G_1(s)$	惰性区 $G_2(s)$
37/179.2	$-\dfrac{5.072}{(28s+1)^2}$	$\dfrac{1.048}{(56.6s+1)^8}$
50/242.2	$-\dfrac{3.067}{(25s+1)^2}$	$\dfrac{1.119}{(42.1s+1)^7}$
75/247.9	$-\dfrac{1.657}{(20s+1)^2}$	$\dfrac{1.202}{(27.1s+1)^7}$
100/527.8	$-\dfrac{0.815}{(18s+1)^2}$	$\dfrac{1.276}{(18.4s+1)^6}$

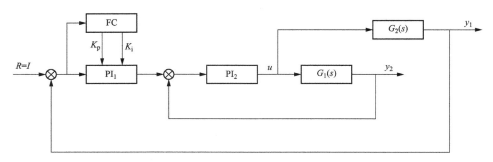

图 5 - 30　模糊自整定 PID 控制

第6章 神经网络及神经网络控制

目前，工业生产过程越来越复杂化和精细化，这就要求工业生产的控制系统达到更高的控制品质。但是，由于种种原因，一些过程或者对象无法设计出理想的控制系统，这些原因主要有：

（1）很多情形之下，建立被控对象的数学模型是一件难以完成的工作。一种情况是系统过于复杂，利用机理建模无法获得精确模型；另外一种情况是利用数据驱动方法建模，难以获得令人满意的建模数据。

（2）即使得到了数学模型，系统被控对象的特性经常会随着生产工况的变化而随之发生变化，使得原先设计的控制系统无法达到变化后系统的要求。

（3）在应用常规控制器时，控制器的一些参数设置往往是凭经验或者一些工程整定方法设置的，这些参数未必能够满足系统对控制品质的要求。

（4）无法在一些故障发生之初发现故障并及时排除，从而达到防微杜渐的目的。

因此，迫切需要一种技术能够解决上述的种种问题，而人工神经网络技术是实现这一目标的途径之一。人工神经网络（Artificial Neural Networks，ANN）是计算智能方法的重要组成部分。它已被广泛地应用于模式识别、信号处理、组合优化、计算机视觉、故障诊断和自动控制等领域。本章将就神经网络的组成与计算方法进行简要介绍，并针对上面存在的种种问题，介绍其在系统辨识、控制系统、参数优化和故障诊断等领域的具体应用方法。

6.1　生物神经元和人工神经元

人工神经网络是模拟人的神经结构建立起来的一种理论体系。生物神经元是组成生物神经网络的最小单元，而人工神经元是人工神经网络的最小组成单元。

6.1.1　生物神经元

生物神经元，又称神经细胞，是构成神经系统的基本单元，其主要由细胞体、树突、轴突和突触等部分构成。其示意图如图6-1所示。

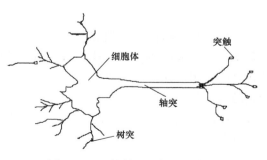

图6-1　生物神经元构成示意图

树突是生物神经元的接收器，它负责接收来自外部的神经冲动。一个神经元的树突可以有多个分支，但是其长度通常比较短；细胞体是整个生物神经元的中枢，它负责接收来自其他生物神经元传递过来的信息；轴突负责将细胞体处理后的信息向外部输出，每个神经元有且仅有一个轴突，它是细胞体伸出的所有纤维中最长的一个分支，其尾部分出许多神经末梢，在神经每一个神经末梢长有突触；突触是轴突的终端，是生物神经元之间的连接接口，每一个轴突可以生有数万个的神经末梢，因此突触也有数万个。一个生物神经元通过突触与另一生物神经元相连，从而实现生物神经元之间的信息传输。

虽然生物神经元有不同种类，但其对信息的处理流程是相似的。神经元从树突接收信息，接收到的所有信息在细胞体进行处理，处理后的信息传至轴突，并经由轴突末端的突触传至其他神经元的树突。所有神经元的信息都是按照这一固定的流程进行处理。

经研究表明，人类的大脑大概有 800 亿个神经元，神经元与神经元之间通过突触连接在一起。从而将神经元上的电信号传递到下一个神经元。每一个神经元可发出高达 8000 个左右的连接，形成复杂的网络，并且对于信息的传递和处理呈现平行特征。其运算和学习能力对于现在的计算机具有压倒性的优势。

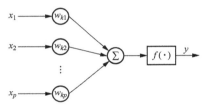

图 6-2　人工神经元构成示意图

6.1.2　人工神经元

根据人工神经元网络技术的需要，可以将生物神经元功能进行简化，可以得到人工神经元模型如图 6-2 所示。在该人工神经元中，其基本的构成要素为连接权、求和单元和激活函数。为了模拟生物神经单元的作用，一些人工神经元还引入了阈值。其计算公式为

$$
\begin{aligned}
u_k &= \sum_{j=1}^{p} w_{kj} x_j \\
v_k &= \mathrm{net}_k = u_k - \theta_k \\
y_k &= f(v_k)
\end{aligned}
\tag{6-1}
$$

式中：x_j 为输入信号；w_{kj} 为 x_j 至第 k 个神经元的连接权值；u_k 为线性求和的结果；θ_k 为阈值；$f(\cdot)$ 为激活函数；y_k 为神经元 k 的输出，相当于神经元的轴突。

同时，还可以将阈值处理为一个输入恒为 -1 的输入，相当于神经元的输入增加了一个连接，即

$$
u_k = \sum_{j=0}^{p} w_{kj} x_j
$$

连接权与生物神经元的突触相对应，各人工神经元的连接强度由连接权的权值表示。求和单元用于求取各输入信号的加权和。激活函数又称为作用函数或传输函数，起到非线性映射的作用，并将人工神经元的输出幅度限制在一定的范围内。常用的激活函数形式有阶跃函数、分段线性函数和 Sigmoid 函数。作为神经网络研究领域之一，不少学者正在从事有关激活函数的研究，下面仅列出几种形式的激活函数作为示例。

阶跃函数

$$
y = f(x) = \begin{cases} 1, & x \geqslant 0 \\ -1, & x < 0 \end{cases}
\tag{6-2}
$$

分段线性函数

$$y = f(x) = \begin{cases} 1, & x \geqslant 1 \\ x, & 1 > x > -1 \\ -1, & x \leqslant -1 \end{cases} \tag{6-3}$$

Sigmoid 函数

$$f(x) = \frac{1}{1 + e^{-ax}} \tag{6-4}$$

或

$$f(x) = \frac{1 - e^{-ax}}{1 + e^{-ax}} \tag{6-5}$$

tanh 函数

$$f(x) = \frac{e^x - e^{-x}}{e^x + e^{-x}} \tag{6-6}$$

ReLU 函数

$$f(x) = \max(0, x) \tag{6-7}$$

不同激活函数的输入和输出曲线如图 6-3 所示。

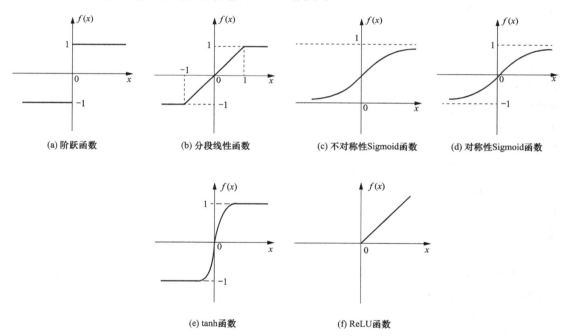

图 6-3　不同激活函数的输入和输出曲线

式（6-4）和式（6-5）中的参数 a 可控制曲线斜率。a 越大，曲线的斜率越大。式（6-4）是一种非对称性的 Sigmoid 函数，而式（6-5）是一种对称型的 Sigmoid 函数，这两个函数都具有很好的平滑性和渐进线，并能保持单调性。

6.1.3　神经网络的发展历史

人工神经网络是模拟人脑思维方式的数学模型，神经网络是在现代生物学研究人脑组织成果的基础上提出的，用来模拟人类大脑神经网络的结构和行为，从微观结构和功能上对人脑进行抽象和简化，是模拟人类智能的一条重要途径，反映了人脑功能若干基本特征，如并行信息处理、学习、联想、模式分类和记忆等。

人工神经网络是 20 世纪 80 年代以来人工智能领域兴起的研究热点，从信息处理角度对人脑神经元网络进行抽象，建立简单模型，按不同的连接方式组成不同的网络。神经网络是一种运算模型，由大量的节点之间相互连接构成。每个节点代表一种特定的输出函数，称为激活函数；每两个节点间的连接都代表一个对于通过该连接信号的加权值，称为权重，相当于人工神经网络的记忆。网络输出由网络结构决定。以时间为坐标轴，神经网络发展分为五个阶段。

1. 启蒙期（1890～1969 年）

1890 年，詹姆斯（W. James）发表专著《心理学》，讨论了脑的结构和功能。

1943 年，心理学家麦卡洛克（W. S. McCulloch）和数学家皮茨（W. Pitts）提出了描述脑神经细胞动作的数学模型，即 M－P 模型，也是第一个神经网络模型。通过 M－P 模型提出了神经元的形式化数学描述和网络结构方法，证明了单个神经元能执行逻辑功能，开创了人工神经网络研究的时代。

1949 年，心理学家赫布（Hebb）实现了对脑细胞之间相互影响的数学描述，从心理学的角度提出了至今仍对神经网络理论有重要影响的 Hebb 学习法则。

1957 年，罗森布拉特（E. Rosenblatt）提出了描述信息在人脑中储存和记忆的数学模型，即感知机模型。该模型包含了现代计算机的一些原理，是第一个完整的人工神经网络，也是第一次将神经网络研究付诸工程实现。由于可应用于模式识别、联想记忆等方面，当时有上百家实验室投入此项研究，美国军方甚至认为神经网络工程应当比原子弹工程更重要而给予巨额资助，并在声呐信号识别等领域取得一定成绩。

1962 年，威德罗（Widrow）和霍夫（Hoff）提出了自适应线性神经网络，并提出了网络学习新知识的方法，即 δ 学习规则，并用电路进行了硬件设计。它可用于自适应滤波、预测和模式识别。至此，人工神经网络的研究工作进入了第一个高潮。很多学者和机构都投入到神经网络的研究中。

2. 低潮期（1969～1982 年）

由于感知机的概念简单，因而在开始介绍时人们对它寄予很大希望。然而，受到当时神经网络理论研究水平的限制，简单的线性感知机无法解决线性不可分的两类样本的分类问题，如简单的线性感知机不可能实现异或的逻辑关系，并且受到冯·诺依曼（Von Nenmann）式计算机发展的冲击等因素的影响，神经网络研究陷入低谷。1969 年，明斯基和帕伯特（Papert）从数学上证明了感知机不能实现复杂的逻辑功能。在这之后近 10 年，神经网络研究进入了一个缓慢发展的萧条期。

但是仍有学者继续着网络模型和学习算法的研究。这个阶段，代表性研究包括 1969 年格罗斯伯格（Gross Berg）以生物学和心理学证据为基础，提出几种具有新颖特性的非线性动态系统结构。该系统的网络动力学由一阶微分方程建模，而网络结构为模式聚集算法的自组织神经实现。格罗斯伯格还提出了复杂的自适应谐振理论（Adaptive Resonance Theory，ART）神经网络。1972 年科霍恩（Kohonen）提出了自组织映射模型（Self-

Organizing Maps，SOM），这些研究成果对以后的神经网络的发展产生了重要影响。

3. 复兴期（1982～1990 年）

1982 年，美国物理学家霍普菲尔德（Hopfiled）提出了 Hopfield 神经网络模型，该模型通过引入能量函数，给出了网络稳定性判断，实现了问题优化求解。

1984 年，网络模型的电子电路出现，成功解决了旅行商路径优化问题，使得神经网络研究取得了突破性进展。同年，辛顿（Hinton）等人将模拟退火算法引入到神经网络中，提出了玻尔兹曼机（Boltzmann Machine，BM）网络模型。BM 网络模型为神经网络优化计算提供了一个有效的方法。

1986 年，鲁梅尔哈特（D. E. Rumelhart）和麦克莱伦德（J. L. Mcclelland）提出了偏差反向传播（Back Propagation，BP）网络，成为至今为止影响很大的一种网络学习方法。

1987 年，美国神经计算机专家赫克特 - 尼尔森（R. Hecht-Nielsen）提出了对向传播神经网络，该网络具有分类灵活、算法简练的优点，可用于模式分类、函数逼近、统计分析和数据压缩等领域。

1988 年，蔡少棠（L. O. chua）等人提出了细胞神经网络模型，它在视觉初级加工上得到了广泛应用。同年，布鲁姆黑德（Broom Head）和罗维（Lowe）探讨了径向基函数（Radial Basis Function，RBF）用于神经网络设计、应用与传统插值领域的不同特点，提出了一种三层结构的 RBF 神经网络，同时神经网络从理论开始走向应用领域，出现了神经网络芯片和神经计算机，神经网络主要应用领域包括建模与辨识、控制与优化、预测与管理等。为适应人工神经网络的发展，1987 年成立了国际神经网络学会，并决定定期召开国际神经网络学术会议。1988 年 1 月《Neural Network》创刊。1990 年 3 月《IEEE Transaction on Neural Networks》问世。我国于 1990 年 12 月在北京召开了首届神经网络学术大会，并决定以后每年召开一次；1991 年在南京成立了中国神经网络学会；IEEE 与 INNS 联合召开的 IJCNN92 在北京召开。这些对神经网络的研究和发展起了推波助澜的作用，人工神经网络步入了稳步发展的时期。

4. 新应用时期（1991～2006 年）

20 世纪 90 年代初，混沌神经元模型被提出，该模型已成为一种经典的混沌神经网络模型，可用于联想记忆。

1991 年，赫兹（Hertz）探讨了神经计算理论，对神经网络的计算复杂性分析具有重要意义。

1994 年，安吉琳（Angeline）等在进化策略理论的基础上，提出一种进化算法来建立反馈神经网络，成功地应用到模式识别、自动控制等方面；廖晓昕对细胞神经网络建立了新的数学理论和方法，并得到了一系列结果。艾什丽（HayashlY）根据动物大脑中出现的振荡现象，提出了振荡神经网络。

1995 年，密特拉（Mitra）将人工神经网络与模糊逻辑理论、生物细胞学说以及概率论相结合，并提出了模糊神经网络，使得神经网络的研究取得了突破性进展。同时出现了流体神经网络，用来研究昆虫社会、机器人集体免疫系统，启发人们用混沌理论分析社会大系统。

随着理论工作的发展，神经网络的应用研究也取得了突破性进展，应用的技术领域包括计算机视觉、语言的识别、理解与合成、优化计算、智能控制及复杂系统分析、模式识别、神经计算机研制、知识推理专家系统与人工智能。涉及的学科有神经生理学、认知科学、数理科学、心理学、信息科学、计算机科学、微电子学、光学、动力学和生物电子学等。美国、日本等国在神经网络计算机软硬件实现的开发方面也取得了显著的成绩，并逐步形成产品。

5. 人工智能时期（2006 年至今）

2006 年，辛顿（Hinton）提出了深度置信网络（Deep Belief Networks，DBN），它是一种深层网络模型。使用一种贪心无监督训练方法来解决问题并取得良好结果。DBN 的训练方法不仅降低了学习隐藏层参数的难度，而且该算法的训练时间与网络的大小和深度近乎线性关系。

区别于传统的浅层学习，深度学习更加强调模型结构的深度，明确特征学习的重要性，通过逐层特征变换，将样本元空间特征表示变换到一个新特征空间，从而使分类或预测更加容易。与人工规则构造特征的方法相比，利用大数据来学习特征，更能够刻画数据的丰富内在信息。

相较浅层模型，深度模型具有巨大的潜力。在有海量数据的情况下，很容易通过增大模型来提高正确率。深度模型可以进行无监督的特征提取，直接处理未标注数据，学习结构化特征。随着 GPU、FPGA 等器件被用于高性能计算，神经网络硬件和分布式深度学习系统的出现，使深度学习的训练时间被大幅缩短，人们可以通过单纯地增加使用器件的数量来提升学习的速度。深层网络模型的出现，使得世界上无数难题得以解决，深度学习已成为人工智能领域最热门的研究方向。

6.2 神经网络的结构及学习方法

6.2.1 神经网络的结构

人工神经网络是由人工神经元经过一定的拓扑形式互联而成。根据网图理论，也可以将它们看作是由有向加权弧连接起来的有向图，在有向图中的节点就是各神经元，有向弧的权值表示相互连接的两个人工神经元相互连接作用的强弱。神经网络最典型的连接形式有两种：前馈型神经网络和反馈型神经网络。

前馈型神经网络中的各个神经元仅接收来自前一级的输出，经神经元处理后的信息将输出至下一级，网络中没有反馈，即前一级神经元不会接收后一级神经元的输出（见图 6-4）。这种类型的神经网络是神经网络应用最多的一种类型，目前最为典型的前馈型神经网络是 BP 神经网络和 RBF 神经网络。这类神经网络的节点可以分为两种类型：一种只是单纯接收信息，称作接收单元；一种是计算单元。计算单元可以有任意多的输入，但输出只能有一个，这一个输出可以耦合到不同的神经元作为其他神经元的输入。通常来说，前馈型神经网络的神经元是分层的，第 i 层只与第 $i-1$ 层的输出相连，由接收单元（x_1，x_2，$\cdots$，x_m）组成的一层称为输入层，它只负责接收来自外界输入的信息，向外界输出信息的一层（图 6-4 中由 y_1，y_2，$\cdots$，y_n 构成的一层）称作输出层，而其余的各层称作隐含层。大部分的前馈型神经网络是学习网络，一般来说，其分类能力和模式识别能力强于其他类型的网络，因此它被广泛地应用于系统辨识和模式识别等领域。

反馈型神经网络又称作递归网络和回归网络。在反馈型网络中，输入信号决定反馈系统的初始状态，系统经过一系列状态转移后，逐渐收敛于平衡状态，这种平衡状态就是系统最终的输出结果。因此，稳定性对于反馈型网络是非常重要的问题。反馈型神经网络的所有节点都是计算单元，同时也可接收输入，其示意图如图 6-5 所示。它被广泛地应用于求解全局最优化问题并用作联想存储器，较为典型的此类神经网络为 Hopfield 网络。

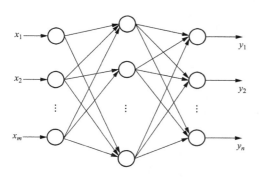

图 6-4　前馈型神经网络

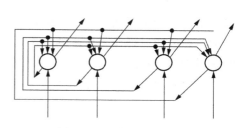

图 6-5　反馈型神经网络

还有一部分神经网络既有前馈型网络的性质，又具有反馈型网络的性质。通常将这种类型的神经网络称作局部递归神经网络。比较典型的局部递归网络有 Elman 网络、Jordan 网络和 HIODRN 网络等。

神经网络的工作过程一般来说可以分为两个阶段：第一个阶段是学习阶段，这时神经网络结构、节点个数和连接权值会根据学习的过程发生变化；第二个阶段是工作阶段，这时网络结构和权值固定，神经网络的输出根据输入的变化而变化。

6.2.2　神经网络的学习方式

通过向环境学习获取知识并对自身的结构进行改变是神经网络的一个重要特点，最为常用的学习方法有以下三种。

1. 有监督的学习

这种学习方式又称作有监督的学习方式，即有监督的学习方法需要一个教师信号。也就是对给定的输入提供一个给定的输出，神经网络经训练学习之后，在给定输入的情况下，输出应向给定的输出逼近，一组给定的输入/输出数据称作训练样本集（学习样本集）。其学习过程如图 6-6 所示。

在这种学习方式中，当输入作用到网络时，网络的实际输出与给定输出（即教师信号）之间会存在差异（偏差），利用这个偏差按给定的学

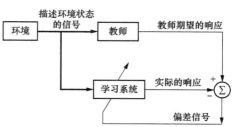

图 6-6　有监督的学习示意图

习规则调整网络权值或增减相应的神经元节点，从而使网络的实际输出逼近给定输出。常见的有监督的学习包括建模、回归、分类等操作。

2. 无监督学习

这种学习方式又称作无教师学习方式。该方式不需要外部教师信号，学习系统按照系统环境所提供数据的统计规律调节参数和结构。这种类型的算法主要是完成聚类、数据降维等操作。其学习过程如图 6-7 所示。

Kohonen 自组织网络是采用无监督学习的一个典型网络。Kohonen 自组织网络也称作 Kohonen 特征映射或拓扑-保存映射，是进行数据聚类的一种网络结构。该网络的一个最有名的应用是 Kohonen 试图建造一个神经元语音打字机，它能从一个无限的字典中将语音转换成书面文字，准确率达到 92%～97%。该网络还曾被用于学习弹道武器的运动。

3. 强化学习

强化学习介于上述两种情况之间，外部环境对系统输出结果只给出评价而不给出正确答案，学习系统通过强化受奖励的动作来改善自身的特性，如图 6-8 所示。强化学习与有教师的学习类似，不过它不会对每一个输入提供一个相应的目标输出，而仅仅给出一个评分，这个评分是对某些输入序列上的性能的测度。

图 6-7　无监督学习示意图　　　　图 6-8　强化学习示意图

强化学习在自动驾驶、游戏及推荐系统有很多成功的应用。

6.2.3　神经网络的学习算法

1. 竞争学习规则

竞争学习规则是指在竞争学习时网络各输出单元互相竞争，最后达到只有一个最强者被激活的目的，其中最常见的一种情形是输出神经元之间有侧向抑制性连接。如果多输出单元中有一个单元较强，则它将获胜并抑制其他单元，最后只有比较强的神经元处于激活状态，其他单元处于抑制状态。

最为常用的学习规则有以下几种：

Kohonen 规则

$$\Delta w_{ij}(k) = \begin{cases} \eta(x_j - w_{ij}), & \text{神经元 } j \text{ 竞争获胜} \\ 0, & \text{神经元 } j \text{ 竞争失败} \end{cases} \qquad (6-8)$$

Outstar 规则

$$\Delta w_{ij}(k) = \begin{cases} \eta(y_j - w_{ij})/x_j, & \text{神经元 } j \text{ 竞争获胜} \\ 0, & \text{神经元 } j \text{ 竞争失败} \end{cases} \qquad (6-9)$$

Instar 规则

$$\Delta w_{ij}(k) = \begin{cases} \eta y_j(x_j - w_{ij}), & \text{神经元 } j \text{ 竞争获胜} \\ 0, & \text{神经元 } j \text{ 竞争失败} \end{cases} \qquad (6-10)$$

式中：$\Delta w_{ij}(k)$ 为 k 时刻连接神经元 i 和 j 的权值修改量；η 为学习步长，通常为一个不大于 1 的常数；w_{ij} 为连接神经元 i 和 j 的权值；x_j 为神经元 j 的输入；y_j 为神经元 j 的输出。

2. Hebb 学习规则

Hebb 学习规则由神经心理学家 Hebb 总结为："当某一突触（连接）两端的神经元激活同步（同为激活或同为抑制）时，该连接的强度增加，反之应当减弱"，即

$$\Delta w_{ij}(k) = \eta \cdot y_i(k) \cdot x_j(k) \tag{6-11}$$

式中：η 为学习速率。

这一规则不需要关于目标输出的任何相关信息，因此它是一种无监督的学习规则。Hebb 学习规则也不宜采用有监督的学习，对于有监督的学习规则而言，就是将式（6-11）的 $y_i(k)$ 替代为期望的输出 $t_i(k)$。这一改变实际是告知网络应该怎么去做，而不是反映神经网络正在怎么做，改变后的公式可以表示为

$$\Delta w_{ij}(k) = \eta \cdot t_i(k) \cdot x_j(k) \tag{6-12}$$

3. δ 学习规则

δ 学习规则又称作偏差纠正规则。假如系统的输入为 $x_i(k)$，给定的系统输出为 $t_i(k)$，而神经网络的实际输出为 $y_i(k)$，则偏差信号可以定义为

$$e_i(k) = t_i(k) - y_i(k) \tag{6-13}$$

该学习规则的最终目的是设定的某一关于 $e_i(k)$ 的目标函数达到最小，也就是期望 $y_i(k) \rightarrow t_i(k)$。一旦选定了目标函数的形式，偏差纠正学习就变成了典型的最优化问题。最为常见的目标函数为

$$J(k) = \frac{1}{2}\sum_{i=1}^{N}(t_i - y_i)^2 = \frac{1}{2}\sum_{i=1}^{N}e_i^{\,2} \tag{6-14}$$

当采用最速梯度下降法时，通过计算可求得

$$\Delta w_{ij}(k) = \eta \cdot \delta_i(k) \cdot x_j(k) = \eta \cdot e_i(k) \cdot f'(\cdot)x_j(k) \tag{6-15}$$

式中：$\delta_i(k) = \dfrac{\partial J(k)}{\partial w_{ij}}$；$f(\cdot)$ 为激活函数。

这种权值的修改方法是基于使输出方差最小的思想而建立起来的。

6.3　典型的浅层神经网络

6.3.1　BP 神经网络

BP（Back Propagation）神经网络是 1986 年由 D. E. Rummelhart 和 J. L. MaClelland 提出的一种利用偏差反向传播训练算法的神经网络，是一种有隐含层的多层前向网络，其学习算法的原理是采用最速梯度下降法。

图 6-9 描述了一种典型的 BP 神经网络结构，包括输入层、输出层和中间的隐含层。通常输入层和输出层只有一层网络，隐含层可以由一层或者多层网络组成。输入层网络节点个数由输入变量个数决定，输出层网络节点个数由输出变量个数决定，隐含层网络节点个数按照经验确定。

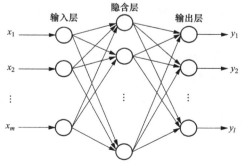

图 6-9　一种典型的 BP 神经网络结构

正如前面所述，神经网络应用时包含两个阶段：学习阶段和应用阶段。BP 网络的学习阶段包含了前向和反向计算两个过程。在前向传播中，输入信息从输入层经隐含层（可以为多层）逐层处理，最后传向输出层。如果输出层的输出结果不能达到期望值，说明网络结构的权值还不够合理，因此通过反向传播偏差信号的方向对权值进行修正，使偏差信号达到最小。大量的仿真试验证实，单隐含层的 BP 神经网络应用效果与多隐含层相比较相差不大，而且其计算过程相对多隐含层要简单很多，以只有一个隐含层的 BP 网络为例对学习过程做出较为详细的阐述。

假设神经网络的输入层节点数为 M，隐含层节点数为 q，输出节点为 L。学习阶段有 N 个学习样本，假定用其中的某一个样本 p 的输入/输出模式对网络进行训练。隐含层的第 i 个神经元在样本 p 作用下的输入为

$$\text{net}_i^p = \sum_{j=1}^{M} w_{ij} o_j^p - \theta_i = \sum_{j=1}^{M} w_{ij} x_j^p - \theta_i \qquad (i=1,2,\cdots,q) \qquad (6-16)$$

式中：o_j^p 和 x_j^p 分别为输入节点 j 在样本 p 作用时的输出和输入，因为该信号来自输入节点，因此它们两者是相等的；w_{ij} 为输入含层第 j 个神经元和隐含层第 i 个神经元之间的连接权值；θ_i 为隐含层第 i 个神经元的阈值。

隐含层第 i 个神经元的输出经激活函数作用之后为

$$o_i^p = f(\text{net}_i^p) \qquad (i=1,2,\cdots,q) \qquad (6-17)$$

式中：$f(\cdot)$ 为激活函数。

当 $f(x) = \dfrac{1}{1+e^{-x}}$ 时，则有

$$f'(x) = f(x) \cdot [1 - f(x)] = o_i^P (1 - o_i^P) \qquad (6-18)$$

当 $f(x) = \dfrac{1-e^{-x}}{1+e^{-x}}$ 时，则有

$$f'(x) = \frac{1 - f^2(x)}{2} = \frac{1 - (o_i^P)^2}{2} \qquad (6-19)$$

隐含层第 i 个神经元的输出通过隐含层与输出层神经元之间的连接权值作用之后，将信号传递到输出层的第 k 个神经元并作为其输入之一。输出层第 k 个神经元的总输入为

$$\text{net}_k^p = \sum_{i=1}^{1} w_{ki} o_i^p - \theta_k \qquad (k=1,2,\cdots,L) \qquad (6-20)$$

式中：w_{ki} 为隐含层单元 i 与输出层单元 k 之间的连接权值；θ_k 为输出层神经元 k 的阈值。

输出层的第 k 个神经元输出经激活函数作用后为

$$o_k^p = g(\text{net}_k^p) \qquad (6-21)$$

系统的输出与给定的训练输出（期望输出）t_k^p 是不一致的，因此要通过偏差反传过程对各连接权值进行修正，则神经网络进入到偏差反传这一过程。

前面已经讲到过，对于神经网络的训练过程来说，常用的目标函数是二次型的偏差函数，即

$$J = \frac{1}{2} \sum_{k=1}^{L} (t_k^p - o_k^p)^2 \qquad (6-22)$$

权系数应当按照 J 函数梯度变化的反方向进行调整。根据最速梯度下降法，输出层每

个神经元权系数的修正公式为

$$\Delta w_{ki} = -\eta \frac{\partial J}{\partial w_{ki}} = -\eta \frac{\partial J}{\partial \mathrm{net}_k^p} \cdot \frac{\partial \mathrm{net}_k^p}{\partial w_{ki}} = -\eta \frac{\partial J}{\partial \mathrm{net}_k^p} \cdot \frac{\partial}{\partial w_{ki}} \left(\sum_{i=1}^{q} w_{ki} o_i^p - \theta_k \right) = -\eta \frac{\partial J}{\partial \mathrm{net}_k^p} \cdot o_i^p$$

定义中间量为

$$\delta_k^p = -\frac{\partial J}{\partial \mathrm{net}_k^p} = -\frac{\partial J}{\partial o_k^p} \cdot \frac{\partial o_k^p}{\partial \mathrm{net}_k^p} = (t_k^p - o_k^p) \cdot g'(\mathrm{net}^p) = (t_k^p - o_k^p) o_k^p (1 - o_k^p)$$

所以输出层的权值修改公式为

$$\Delta w_{ki} = -\eta \frac{\partial J}{\partial w_{ki}} = -\eta \delta_p^k o_i^p = \eta (t_k^p - o_k^p) o_k^p (1 - o_k^p) o_i^p \tag{6-23}$$

式中：o_k^p 为输出节点 k 在样本 p 作用时的输出；o_i^p 为隐含节点 o_i 在样本 p 作用时的输出；t_k^p 为在样本 p 输出对作用时输出节点 k 的目标值。

参照式（6-23）的推导过程，可以得到输入层至隐含层权值的修改公式为

$$\Delta w_{ij} = \eta \delta_i^p o_j^p = \eta o_i^p (1 - o_i^p) \left(\sum_{k=1}^{L} \delta_k^p w_{ki} \right) o_j^p \tag{6-24}$$

式中：o_j^p 为输入节点 j 在样本 p 作用时的输出。

BP 神经网络的学习方式分为在线学习和离线学习两种方式。在线学习又称作单步学习，是对训练集合中的每组数据都要根据偏差状况更新权值的一种学习方式，其特点是学习过程需要较少的存储单元，但从网络整体的训练效果来看，要劣于离线学习的方式。离线学习又称作批处理学习，是指用训练集内所有数据依次训练网络，累加各权值的修正量并统一修改网络权值的一种学习方式，它能使权值按最快下降方向进行。

根据这一过程，可以编写 MATLAB 程序如下（MATLAB 有封装好的 BP 神经网络算法包，但为了熟悉这一计算过程，可以自行编写算法程序，该程序运用神经网络拟合一个正弦函数），扫描二维码 6-1 获取源程序（BP_sin.m）。

二维码6-1

BP神经网络拟合
正弦函数

MATLAB 的 BP 神经网络已经封装了很多修改权值的算法，如果已经对神经网络的计算方法比较了解，就不必再重复编写程序，只需要应用现有的工具箱即可，下面给出常用的 BP 神经网络算法程序供参考。

1. 一般模式的 BP

```
P = [1  2  3  4  5  6  7  8];                        %输入矩阵
T = [0  0.1  0.2  0.4  0.8  1.6  3.26.4];            %期望输出矩阵
net = newff(minmax(P),[8,1],{'tansig','purelin'},'traingd');%产生新的神经网络
      %第一个参数设置输入向量 P 的最小值和最大值
      %第二个参数是一个设定每层神经元个数的数组，这里隐层为 8，输出层为 1
      %第三个参数是包含每层用到的激励函数名称，不同层之间的激励函数名称用',分开
      %最后一个参数是用到的训练函数的名称
net.trainParam.show = 50;                           %每间隔 50 步显示一次训练误差
net.trainParam.lr = 0.05;                           %学习速率为 0.05
net.trainParam.epochs = 10000;                      %最大次数为 1000
```

```
net.trainParam.goal = 1e-3                          %终止迭代的误差目标为 0.00001
[net tr] = train(net,P,T);
```

2. 加入动量的 BP

```
P = [1  2  3  4  5  6  7  8];                        %输入矩阵
T = [0  0.1  0.2  0.4  0.8  1.6  3.2  6.4];          %期望输出矩阵
net = newff(minmax(P),[8,1],{'tansig','purelin'},'traingdm');

net.trainParam.show = 50;
net.trainParam.lr = 0.05;
net.trainParam.mc = 0.9;                             %动量项系数为 0.9
net.trainParam.epochs = 10000;
net.trainParam.goal = 1e-3
[net tr] = train(net,P,T);
```

3. 自适应 LR 变步长

```
P = [1  2  3  4  5  6  7  8];                        %输入矩阵
T = [0  0.1  0.2  0.4  0.8  1.6  3.2  6.4];          %期望输出矩阵
net = newff(minmax(P),[8,1],{'tansig','purelin'},'traingda');

net.trainParam.show = 50;
net.trainParam.lr = 0.05;
net.trainParam.lr_inc = 1.05;                        %变步长系数为 1.05
net.trainParam.epochs = 10000;
net.trainParam.goal = 1e-3
[net tr] = train(net,P,T);
```

4. 弹性梯度法

```
P = [1  2  3  4  5  6  7  8];                        %输入矩阵
T = [0  0.1  0.2  0.4  0.8  1.6  3.2  6.4];          %期望输出矩阵
net = newff(minmax(P),[8,1],{'tansig','purelin'},'trainrp');

net.trainParam.show = 50;
net.trainParam.lr = 0.05;
net.trainParam.lr_inc = 1.05;
net.trainParam.epochs = 10000;
net.trainParam.goal = 1e-3
[net tr] = train(net,P,T);
```

5. 共轭梯度

```
P = [1  2  3  4  5  6  7  8];                        %输入矩阵
T = [0  0.1  0.2  0.4  0.8  1.6  3.2  6.4];          %期望输出矩阵
net = newff(minmax(P),[8,1],{'tansig','purelin'},'traincgf'); %还可以用 traincgp,
```

traincgb 替代 traincgf

```
net.trainParam.show = 50;
```

net. trainParam. lr = 0.05；

net. trainParam. lr_inc = 1.05；

net. trainParam. epochs = 10000；

net. trainParam. goal = 1e-3

[net tr] = train(net,P,T)；

6. 拟牛顿法

P = [1 2 3 4 5 6 7 8]；　　　　　　　% 输入矩阵

T = [0 0.1 0.2 0.4 0.8 1.6 3.2 6.4]；　　% 期望输出矩阵

net = newff(minmax(P),[8,1],{'tansig','purelin'},'trainbfg')；

net. trainParam. show = 50；

net. trainParam. lr = 0.05；

net. trainParam. lr_inc = 1.05；

net. trainParam. epochs = 10000；

net. trainParam. goal = 1e-3

[net tr] = train(net,P,T)；

7. 一步正割

P = [1 2 3 4 5 6 7 8]；　　　　　　　% 输入矩阵

T = [0 0.1 0.2 0.4 0.8 1.6 3.2 6.4]；　　% 期望输出矩阵

net = newff(minmax(P),[3,1],{'tansig','purelin'},'trainoss')；

net. trainParam. show = 10000；

net. trainParam. lr = 0.05；

net. trainParam. lr_inc = 1.05；

net. trainParam. epochs = 10000；

net. trainParam. goal = 1e-3

[net tr] = train(net,P,T)；

8. levenberg-marquarat 法

P = [1 2 3 4 5 6 7 8]；　　　　　　　% 输入矩阵

T = [0 0.1 0.2 0.4 0.8 1.6 3.2 6.4]；　　% 期望输出矩阵

net = newff(minmax(P),[8,1],{'tansig','purelin'},'trainlm')；

net. trainParam. show = 10000；

net. trainParam. lr = 0.05；

net. trainParam. lr_inc = 1.05；

net. trainParam. epochs = 10000；

net. trainParam. goal = 1e-3

[net tr] = train(net,P,T)；

感兴趣的读者可以对同一问题采用不同的权值学习算法，比较采用不同的权值算法得到的神经网络结果有何不同。

151

6.3.2 RBF 神经网络

径向基神经网络简称为 RBF 神经网络。在学习 RBF 神经网络之前，首先应该了解 RBF 神经网络的核心——径向基函数（Radical Basis Function，RBF）。径向基函数方法是 Powell 在 1985 年提出的。所谓径向基函数，其实就是某种沿径向对称的标量函数。通常定义为空间中任一点 x 到某一中心点 c 之间欧氏距离的单调函数，可记作 $k(\|x-c\|)$，其特点是当 x 接近 c 时函数取值较大，当 x 远离 c 时函数取值很小。例如高斯径向基函数为

$$\varphi_i[d_i(x)] = \mathrm{e}^{-d_i(x)}, d_i(x) = \frac{\|x-c_i\|^2}{r_i^2} \tag{6-25}$$

径向基函数常见的作用是为了解决多变量插值的问题。

1988 年，Moody 和 Darken 提出了 RBF 神经网络，和 BP 神经网络结构类似，属于前馈型神经网络，大量的试验表明它能够以任意精度逼近任意连续函数，特别适合于解决分类问题。

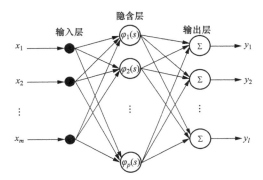

图 6-10 一种典型的 RBF 神经网络结构

图 6-10 描述了一种典型的 RBF 网络结构，同 BP 网络类似，也包括输入层、输出层和隐含层。不同的是 RBF 神经网络的隐含层通常是一层，其激活函数选择合适的径向基函数。输入层仅接收输入数据，不对输入数据做任何处理，并且输入层和隐含层节点之间通常也不设置连接权值。输出层也仅是将隐含层的输出进行简单的求和运算，也不设置激活函数实现非线性映射。整个网络的非线性映射只体现在中间的隐含层。

RBF 神经网络的基本思想是：用 RBF 作为隐含层节点的"基"构成隐含层空间，这样就可将输入矢量直接（即不需要通过权连接）映射到隐空间。换句话来说，RBF 神经网络的隐含层的功能就是将低维空间的输入通过非线性函数映射到一个高维空间，然后在这个高维空间进行曲线的拟合。它等价于在一个隐含的高维空间寻找一个最佳拟合训练数据的表面。当 RBF 神经网络的特征参数确定以后，这种映射关系也就确定了。而隐含层空间到输出空间的映射是线性的，即网络的输出是隐含层节点输出的线性加权和。由此可见，从总体上看，网络由输入到输出的映射是非线性的，而网络输出对可调参数（隐含层到输出层的连接权值）而言却又是线性的。这样网络的权就可由线性方程组直接解出，从而大大加快学习速度并避免局部极小问题。

一般而言，RBF 神经网络的学习过程调整三个参数：径向基函数的中心、方差（宽度）以及隐含层到输出层的权值。

RBF 神经网络学习的关键问题是确定隐含层神经元径向基函数的中心。常用的确定中心参数（或者其初始值）的方法是从给定的训练样本集中按照某种方法直接选取，或者是采用聚类的方法确定，常用的方法如下。

（1）直接计算法（随机选取 RBF 神经网络中心）。隐含层神经元的中心是随机地在输入样本中选取，且中心固定。

（2）自组织学习选取 RBF 中心法。RBF 神经网络的中心可以变化，并通过自组织学习确定其位置。输出层的线性权重是通过有监督的学习来确定的。这种方法主要采用 K - 均值聚类法来选择 RBF 的中心，属于无监督的学习方法。

（3）有监督（教师）学习选取 RBF 中心。通过训练样本集来获得满足监督要求的网络中心和其他权重参数。常用方法是梯度下降法。利用梯度下降法获得权值、中心、方差的调整值如下

$$\Delta \omega_{ij} = \eta_1 \left[y_i^{(k)} - f_i(x^{(k)}) \right] \varphi_j(x^{(k)}) \tag{6-26}$$

$$\Delta \mu_j = \eta_2 \varphi_j(x^{(k)}) \frac{\| x - \mu_j \|}{\sigma_j^3} \sum_{i=1}^{m} \omega_{ij} \left[y_i^{(k)} - f_i(x^{(k)}) \right] \tag{6-27}$$

$$\Delta \sigma_j = \eta_3 \varphi_j(x^{(k)}) \frac{\| x - \mu_j \|^2}{\sigma_j^3} \sum_{i=1}^{m} \omega_{ij} \left[y_i^{(k)} - f_i(x^{(k)}) \right] \tag{6-28}$$

（4）利用正交最小二乘法选取 RBF 中心。

RBF 神经网络的学习过程如图 6 - 11 所示。

学习的目的是求隐含层参数值 C_j、D_j（径向基函数的中心和宽度）和 ω_j（隐含层和输出层的连接权值）。

学习的过程分为两步：第一步是无监督学习，确定输入层与隐含层间的参数值 C_j、D_j；第二步是有监督学习，确定隐含层与输出层间的权值 ω_j。

具体过程如下：

（1）对神经网络参数进行初始化，包括输入向量 X、输出向量 Y 和期望输出 O，隐含层和输出层的连接权值 ω_j 以及径向基函数的中心 C_j 和宽度 D_j，并给定学习因子 η 和 α 的取值及迭代终止精度 ε 的值。

（2）按式（6 - 29）计算网络输出的均方根偏差 RMS 的值，若 RMS ≤ ε，则训练结束，否则转到第（3）步。

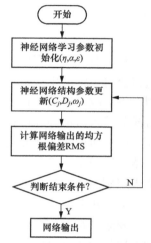

图 6 - 11　RBF 神经网络学习过程

$$\text{RMS} = \sqrt{\frac{\sum_{i=1}^{N} \sum_{k=1}^{q} (O_{lk} - y_{lk})^2}{qN}} \tag{6-29}$$

（3）对各个参数迭代计算，包括隐含层和输出层的连接权值 ω_j 以及径向基函数的中心 C_j 和宽度 D_j 进行迭代计算，然后返回步骤（2）。

为了熟悉 RBF 神经网络，自行编写了算法程序，该程序运用 RBF 神经网络拟合一个非线性函数为

$$y = \sin[3(x + 0.6)^4 - 1] \tag{6-30}$$

扫描二维码 6 - 2 获取源程序 RBF _ nonlin. m（MATLAB）和 RBF _ nonlin. py（Python）。拟合结果如图 6 - 12 所示。

从仿真结果可以看出，RBF 神经网络具备良好的非线性拟合能力，并且其训练代价要优于 BP 网络。

二维码6-2

RBF神经网络拟合
非线性函数

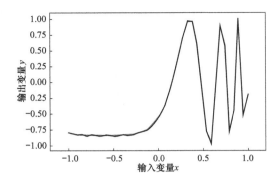

图 6-12　RBF 神经网络拟合非线性函数的结果

6.4　神经网络故障诊断

在工业生产过程中，无论是生产设备还是控制系统中的元器件都有可能会发生故障，这将会对正常的生产造成影响，如果有办法在故障出现之初就发现故障并及时排除故障，则会将因故障造成的损失减少到最小。神经网络能够在训练的过程中存储相关知识，如果有相似输入激活神经网络，网络会再现训练时的输出结果。因此，神经网络能够在故障诊断方面有所应用。除此之外，神经网络还有一些其他特性能够保障故障诊断的应用。神经网络能够对噪声进行滤除，在有噪声情况下可以得到正确结论，因此可以训练人工神经网络来识别故障信息，使其能在噪声环境中有效工作。当神经网络应用于故障诊断时，其所起到的作用其实是一个自动分类器的作用。

要想让神经网络能够实现故障诊断，也要分为两个阶段：第一个阶段，将各种故障类型的数据送入神经网络，对神经网络进行训练，使神经网络对这种故障类型进行记忆，网络的特性由其拓扑结构、神经元特性、学习和训练规则所决定，它可以充分利用状态信息，对来自不同状态的信息逐一进行训练而获得某种映射关系，而且网络可以连续学习，如果环境发生改变，这种映射关系还可以自适应地进行调整，对神经网络进行训练结束之后，就可以得到期望的诊断网络；第二个阶段，根据当前诊断输入对系统进行诊断，诊断的过程即为利用神经网络进行前向计算的过程。

在进行学习和诊断之前，应对待诊断的原始数据和训练样本数据进行处理，其目的是为神经网络提供适合的系统输入，通常将这一过程称作特征提取和数据预处理。神经网络输入的确定实际上就是特征量的提取，对于特征量的选取，主要考虑它是否与故障有比较确定的因果关系。综上所述，基于神经网络的故障诊断过程如图 6-13 所示。

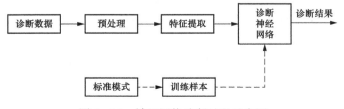

图 6-13　神经网络诊断过程示意图

在图 6-13 中的虚线部分表示训练过程，实线部分表示诊断过程。

下面将以一简单实例来说明这一过程。数据来自某旋转机械的振动测试数据（诊断数据），该数据经傅里叶变换后得到的数据（即预处理和特征提取）见表 6-1。

表 6-1　　　　　　　　　　某旋转机械振动故障诊断数据表

数据	故障特征								故障原因							
	1	2	3	4	5	6	7	8	1	2	3	4	5	6	7	8
训练数据	0	0	0	0	1.0	0	0	0	1	0	0	0	0	0	0	0
	0.03	0.02	0.02	0.28	0.34	0.30	0.01	0	0	1	0	0	0	0	0	0
	0.25	0.30	0.30	0.05	0.05	0.06			0	0	1	0	0	0	0	0
	0	0	0.05	0.10	0.75	0.10			0	0	0	1	0	0	0	0
	0	0	0	0.48	0.50	0	0.02	0	0	0	0	0	1	0	0	0
	0.01	0.01	0.02	0.45	0.50	0.01	0	0	0	0	0	0	0	1	0	0
	0.05	0.75	0.1	0.05	0.05	0	0	0	0	0	0	0	0	0	1	0
	0	0	0	0.2	0.5	0.2	0	0.1	0	0	0	0	0	0	0	1
测试数据	0.01	0	0.01	0	0.98	0	0	0	1	0	0	0	0	0	0	0
	0.28	0.30	0.30	0.05	0.04	0.02	0.01	0.01	0	1	0	0	0	0	0	0
	0	0	0	0.49	0.50	0	0.01	0	0	0	0	0	1	0	0	0
	0.05	0.75	0.1	0.05	0.05	0	0	0	0	0	0	0	0	0	1	0

故障特性中的 1、2、3、…、8 分别代表（0～0.25）倍频、（0.25～0.75）倍频、（0.75～1）倍频、1 倍频、2 倍频、3 倍频、高次偶频和高次奇频所占有比例。故障原因 1、2、…、8 分别代表转子偏心、局部碰摩、全周碰摩、不对中、转子裂纹、联轴器故障、油膜振荡和支承松动。

先用训练数据训练网络，然后再用测试数据测试网络学习的效果。根据这一实例可以分析出神经网络的输入层有 8 个输入神经元，对应着 8 个故障特征；输出层有 8 个输出神经元，对应着 8 个故障原因。隐含层可以采用 10 个神经元，因此，神经网络的结构为 8-10-8。权值修改方法采用梯度下降法，对网络进行多次训练。在训练的过程中，也可以调整输入神经网络的训练数据对顺序。

扫描二维码 6-3 获取源程序 BPdiagnose.m（MATLAB）。

仿真程序最终的输出结果为：

训练迭代次数：i = 33253

原数据诊断的故障原因分别为：

indexsamout = 1　2　3　4　5　6　7　8

训练数据诊断的故障原因分别为：

indexnetworkout = 1　2　3　4　5　6　7　8

测试数据诊断的故障原因分别为：

二维码6-3

BP神经网络故障诊断程序

index = 1   3   5   7

训练过程中偏差曲线变化如图 6-14 所示。

从仿真结果可以看出，无论是训练集的故障数据还是测试集的故障数据，经过训练的神经网络都可以进行正确的诊断。

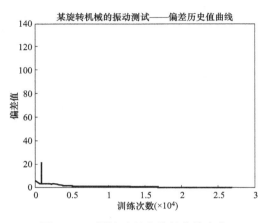

图 6-14   训练过程中偏差曲线变化

6.5 神 经 网 络 控 制

神经网络控制通常指的是在控制系统中，应用神经网络技术，建立复杂非线性对象模型，或者作为控制器，通过优化计算实现诊断、控制器参数整定、模型预测、控制等功能。在控制系统中，神经网络可以充当优化器、对象模型，也可以充当控制器，常见神经网络控制系统的结构包括：

（1）神经网络充当优化器的神经网络与 PID 复合控制。

（2）神经网络充当控制器的单节点神经网络控制。

（3）神经网络充当控制器的神经网络直接逆控制。

（4）神经网络充当模型和控制器的神经网络内模控制。

下面针对几种常见的神经网络控制系统分别进行介绍。

6.5.1 神经网络与 PID 复合控制

在工业控制系统中，PID 控制器仍然是最为常用的控制器。当一个控制系统的结构确定之后，整个控制系统的控制品质主要受 PID 控制器的 3 个主要参数影响。整定 PID 控制器参数多是根据经验和试验的方法来实施的。在生产过程的不同工况下，被控对象的特性经常发生变化，原先整定好的控制器参数可能使变化后的系统达不到原来的控制器品质。因此，对于比较严重的时变系统，应当设计控制参数自适应地 PID 控制器，即当被控对象特性发生变化时，PID 参数能够相应地进行调整，使得整个控制系统有较好的控制品质。自适应 PID 控制器有很多种实现方法，可以应用神经网络来优化 PID 控制器的主要参数，也可以设计基于神经网络的 PID 自适应控制器（下一节介绍的基于单神经元的控制器即属于这种类型的控制器）。以一控制系统为例介绍如何实现基于神经网络的 PID 参数优化。为了保持与前面内容的一致性，在实现这一系统时仍然采用 BP 神经网络。

因为要在线调整 PID 参数，因此该系统的 PID 控制器应为数字 PID。在这里采用增量式的 PID 数字控制器。其数学表示式为

$$u(k)=u(k+1)+k_p[e(k)-e(k-1)]+k_ie(k)+k_d[e(k)-2e(k-1)+e(k-2)]$$

$$(6-31)$$

式中：k_p、k_i、k_d 分别为比例、积分、微分系数。

应用 BP 神经网络整定 PID 控制器参数的控制系统如图 6-15 所示。

在将神经网络应用于系统之前，同样需要首先确定神经网络的结构，即 BP 网络输入层、隐含层和输出层的神经元数目。然后确定神经网络的输出层数目。在这一系统中，需要优化的是 PID 的控制器参数，即比例系数 k_p、积分系数 k_i、微分系数 k_d，因此神经网络的输出层使用了 3 个输出神经元。影响系统 3 个神经元的主

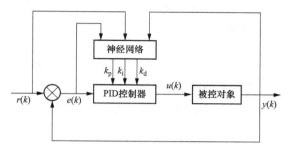

图 6-15　应用 BP 神经网络整定 PID
控制器参数的控制系统

要因素有期望输出和系统实际输出的偏差 e_k，另外期望控制器能够根据被控对象的变化改变 PID 参数，而被控对象的输入和输出在一定程度上反映被控对象的特性。因此输入层应该包含系统偏差、被控对象输入和被控对象的输出，即输入层包括 3 个神经元。隐含层可以设计为 4~10 个神经元，这里输入和输出皆为 3，为了减少计算的复杂程序，设定隐单元数为 6。经过上面的分析，可以确定神经网络的结构为 3-6-3。

网络输入层的输入为：$O_j^{(1)}=x(j)$，$j=1,2,\cdots,M$，根据前面的分析，令 $M=3$。

网络隐含层的输入和输出为

$$\text{net}_i^{(2)}(k)=\sum_{j=0}^{M}w_{ij}^{(2)}O_j^{(1)}$$
$$O_i^{(2)}(k)=f[\text{net}_i^{(2)}(k)] \qquad (i=1,\cdots,Q)$$

$$(6-32)$$

式中：$w_{ij}^{(2)}$ 为隐含层加权系数；上角标（1）、（2）、（3）分别代表输入层、隐含层和输出层。

隐含层神经元的激活函数取正负对称的 Sigmoid 函数，即

$$f(x)=\frac{e^x-e^{-x}}{e^x+e^{-x}}$$

$$(6-33)$$

网络输出层的输入和输出为

$$\text{net}_l^{(3)}(k)=\sum_{i=0}^{Q}w_{li}^{(3)}O_i^{(2)}(k)$$
$$O_i^{(3)}(k)=g[\text{net}_l^{(3)}(k)] \qquad (l=1,2,3)$$
$$O_i^{(3)}(k)=k_p$$
$$O_i^{(3)}(k)=k_i$$
$$O_i^{(3)}(k)=k_d$$

$$(6-34)$$

输出层输出节点分别对应 3 个可调参数 k_p、k_i、k_d。因为 k_p、k_i、k_d 不能为负值，所

以输出层神经元的激活函数取为非负的 Sigmoid 函数为

$$g(x) = \frac{e^x}{e^x + e^{-x}} \tag{6-35}$$

由于期望输出能更快地跟踪输入，因此取性能指标函数为

$$E(k) = \frac{1}{2}[r(k) - y(k)]^2 = \frac{e^2(k)}{2} \tag{6-36}$$

按照梯度下降法修正网络的权系数，即按照 $E(k)$ 对加权系数的负梯度方向进行搜索调整，并附加一个使搜索快速收敛全局极小的惯性项，即

$$\Delta w_{li}^{(3)}(k) = -\eta \frac{\partial E(k)}{\partial w_{li}^{(3)}} + \alpha \Delta w_{li}^{(3)}(k-1) \tag{6-37}$$

式中：η 为学习速率；α 为惯性系数。

$$\frac{\partial E(k)}{\partial w_{li}^{(3)}} = \frac{\partial E(k)}{\partial y(k)} \cdot \frac{\partial y(k)}{\partial u(k)} \cdot \frac{\partial u(k)}{\partial O_l^{(3)}(k)} \cdot \frac{\partial O_l^{(3)}(k)}{\partial net_l^{(3)}(k)} \cdot \frac{\partial net_l^{(3)}(k)}{\partial w_{li}^{(3)}}$$

$$\frac{\partial net_l^{(3)}(k)}{\partial w_{li}^{(3)}} = O_i^{(2)}(k) \tag{6-38}$$

因为 $\frac{\partial y(k)}{\partial u(k)}$ 未知，所以可以 $\text{sign}\left(\frac{\Delta y(k)}{\Delta u(k)}\right)$ 近似替代。

由式（6-31）和式（6-34）可以推得

$$\frac{\partial u(k)}{\partial O_1^{(3)}(k)} = e(k) - e(k-1)$$

$$\frac{\partial u(k)}{\partial O_2^{(3)}(k)} = e(k)$$

$$\frac{\partial u(k)}{\partial O_3^{(3)}(k)} = e(k) - 2e(k-1) + e(k-2) \tag{6-39}$$

上述分析可得网络输出层权的学习算法为

$$\Delta w_{li}^{(3)}(k) = -\eta \delta_l^{(3)} O_i^{(2)}(k) + \alpha \Delta w_{li}^{(3)}(k-1)$$

$$\delta_l^{(3)} = \text{error}(k) \cdot \text{sign}\left[\frac{\partial y(k)}{\partial u(k)}\right] \cdot \frac{\partial u(k)}{\partial O_l^{(3)}(k)} \cdot g'[net_i^{(3)}(k)] \quad (l=1,2,3) \tag{6-40}$$

同时可以得到隐含层加权系数的学习算法为

$$\Delta w_{ij}^{(2)}(k) = -\eta \delta_i^{(2)} O_j^{(1)}(k) + \alpha \Delta w_{ij}^{(2)}(k-1)$$

$$\delta_l^{(2)} = f'[net_i^{(2)}(k)] \sum_{i=1}^{3} \delta_l^{(3)} w_{li}^{(3)}(k) \quad (i=1,2,\cdots,Q) \tag{6-41}$$

设计该控制系统的算法过程如下：

（1）根据需要确定神经网络结构，并给出各层加权系数的初始值 $w_{ij}^1(0)$ 和 $w_{li}^2(0)$，选定学习速率 η 和惯性系数 α。

（2）定义初始时刻 $k=1$，即控制算法的第一个时刻。采样得到 $r(k)$ 和 $y(k)$，计算偏差 $e(k) = r(k) - y(k)$。

（3）计算神经网络各层神经元的输入、输出，即确定 PID 的控制参数。

（4）根据式（6-31）计算 PID 控制器的输出 $u(k)$。

（5）进行神经网络学习，在线调整加权系数 $w_{ij}^1(k)$ 和 $w_{li}^2(k)$，实现 PID 控制参数

的自适应调整。

（6）调整 $k=k+1$，若 k 大于设定的仿真时间上限，结束仿真，否则转（1）。

根据上面的分析过程，编写 MATLAB 程序 NNPID.m，扫描二维码 6-4 获取源程序。

二维码6-4

神经网络与PID
复合控制程序

仿真结果如图 6-16 所示。

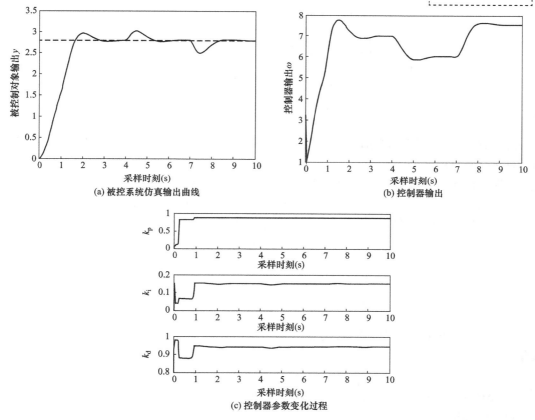

图 6-16　仿真结果

为了验证该控制器的鲁棒性，仿真程序在仿真过程中的第 200 个仿真步序和 350 个仿真步序分别加入了扰动和改变被控对象的特性。从仿真输出曲线可以看出，该 PID 控制器无论是在克服扰动还是在被控对象特性变化等方面都具有很强的鲁棒性。

6.5.2　单节点神经网络控制

基于单节点的神经网络控制系统其实是一个自适应 PID 的神经网络控制结构，不过在这个神经网络中仅有一个神经元，这个神经网络称作单神经元神经网络，基于单个神经元的自适应控制系统框图如图 6-17 所示。

神经元的输入信号由比例控制信号、反馈微分控制信号和反馈积分控制信号三部分组成。它是一种多层次多模式的控制结构，比例控制能迅速减小跟踪偏差；反馈微分控制可以改善系统的响应速度，减小超调量；反馈积分控制使系统趋近于稳态无差，提高了控制的准确性。权值 $\omega'_i(t)(i=1，2，3)$ 反映了受控对象和过程的动态特性，神经元通过自身的学习策略不停地调整 $\omega'_i(t)(i=1，2，3)$，在三种控制的关联作用下迅速消除偏差，进入稳态。

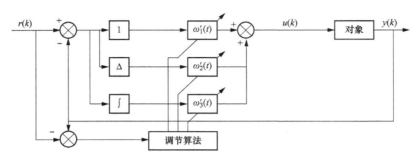

图 6-17　单个神经元控制系统框图

前文曾经介绍过神经网络的权值有不同的学习方法，下面提供了三种神经网络权值的修正方法，具体的控制算法如下：

无监督的 Hebb 规则　　　　$\omega_i(k)=\omega_i(k)+\eta u(k)x_i(k)$

Delta 规则　　　　　　　　$\omega_i(k)=\omega_i(k)+\eta e(k)u(k)$

有监督的 Hebb 规则　　　$\omega_i(k)=\omega_i(k)+\eta e(k)u(k)x_i(k)$

$$\omega'_i(k)=\frac{\omega_i(k)}{\sum_{i=1}^{3}|\omega_i(k)|}$$

$$u(k)=u(k-1)+k\sum_{i=1}^{3}\omega'_i(k)x_i(k) \tag{6-42}$$

这一控制过程较为简单，根据式（6-42）编写程序 NNPIDS. m，扫描二维码 6-5 获取源程序。

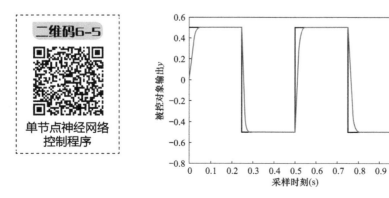

图 6-18　单神经元控制系统仿真曲线

单神经元控制器具有很强的自适应能力。神经元的 3 个输出分别相当于 PID 控制器的比例、积分和微分作用，当被控对象发生变化时，3 个神经元的输出发生变化，相当于在调整 PID 控制器的控制参数。当该神经元 PID 和数字 PID 进行切换时，应考虑无扰切换问题。

6.5.3　神经网络直接逆控制

神经网络直接逆控制采用受控对象的一个逆模型，它与受控对象串联，以便使系统在期望响应与受控对象输出间得到一个相同的映射。因此，该网络直接作为前馈控制器，而且受控对象的输出等于期望输出。图 6 - 19 为神经网络直接逆控制的典型结构方案。

这种控制方案中的 NN1 和 NN2 可以采用 BP 神经网络分别实现辨识器和控制器的功能。NN1 在这里充当前馈控制器的角色，其输入是期望输出信号 $r(t)$，而输出控制信号 $u(t)$ 作用于被控对象；NN2 是神经网络逆模型辨识器，接收对象输出 $y(t)$，产生相应的输出。NN1 和 NN2 之间会有一个差值，利用修改神经网络权值的方

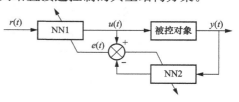

图 6 - 19　神经网络直接逆动态
控制的结构方案

法可以使这个差值趋向于零，从而做到 $y(t) \rightarrow r(t)$。神经网络控制器 NN1 与被控对象 p 串联，实现被控对象的逆模型 $\hat{p}^{-1}$，且 $\hat{p}^{-1}$ 随被控对象的特性变化而变化。从理论上来说，如果 $\hat{p}^{-1} = p^{-1}$，则显然有 $p^{-1} \cdot p = 1$，$r(t)$ 经过这一前向通路传递后可以直接复现 $y(t)$，从而输出可以精确地跟踪输入。但是由于神经网络逆动态控制系统是一种开环控制结构，控制器仅仅是被控对象的逆，如果在控制器之后的通路中串入干扰，则不能有效地抑制扰动，因此其实用性不强。

6.5.4　神经网络内模控制

内模控制（Internal Model Control，IMC）是由 Carcia 和 Morari 在 1982 年提出的，1986 年 Economou 等人将其推广到非线性系统的应用中。这种控制属于模型预测控制（Model Predictive Control，MPC）的一种。基于神经网络的内模控制是将一个神经网络作为模型状态估计器，另一个神经网络作为控制器。其示意图如图 6 - 20 所示。

在图 6 - 20 中，包括一个由自学习进程在每个采样时刻训练好的神经网络内模控制器（NNC）、神经网络辨识模型（NNM）和被控对象；自学习进程在控制进程中采集到被控对象的控制量输入 u、输出 y 以及 NNM 的输出 $\hat{y}$，利用这些采集到的数据在线训练对象模型 NNM 和逆模型，即控制器 NNC，以实现内模控制功能，NNC 和 NNM 的训练结构可按图 6 - 19 的形式进行。

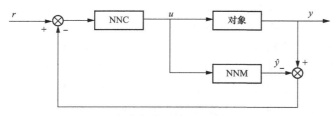

图 6 - 20　基于在线自学习神经网络的内模控制结构

考虑到大多数系统通常都具有时变性和不确定性等因素，特别是在控制初期，在自学习进程中的 NNM 尚未得到很好的训练，因而不能很好地逼近对象的动态特性，NNC 也就不能很好地映射对象的逆动态特性。因此，为保证闭环系统的稳定性和良好的控制效果，

控制系统需要考虑 NNM 或者 NNC 在训练初期模型失真情况下的鲁棒性。例如实时控制器中引入鲁棒反馈控制器 RC，与 NNC 的输出信号通过加权综合后，作为系统的控制输入，组成一个变鲁棒控制器，其表示形式如图 6-21 所示。

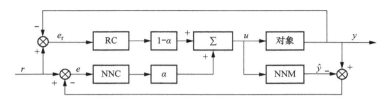

图 6-21　带有鲁棒控制器的神经网络内模控制

$$u(k) = \alpha u_c(k) + (1-\alpha)u_r(k) \tag{6-43}$$

式中：$u_c(k)$ 为内模控制器 NNC 的输出；$u_r(k)$ 为鲁棒反馈控制器的输出；α 反映的是系统模型 NNM 的辨识精度，称之为鲁棒因子，其取值随 NNM 辨识精度的变化而改变，定义 α 形式为

$$\alpha = e^{-\tau E_m} \tag{6-44}$$

式中：τ 为鲁棒因子；α 的变鲁棒系数，取值范围为 $\tau \in (0,1)$；E_m 为 NNM 输出 $y_m(k)$ 与对象输出 $y(k)$ 之差的二次方，表示形式如下

$$E_m = \frac{1}{2}\big[y(k) - y_m(k)\big]^2 \tag{6-45}$$

由式（6-44）可知，鲁棒因子 α 的取值范围为 $\alpha \in [0,1]$。当 $\alpha=1$ 时，也即 $y(k) = y_m(k)$，此时表明了 NNM 的辨识精度最高，完全逼近了系统的动态特性。

在控制初期，自学习进程中 NNM 的精度较低，但由于鲁棒因子 α 的作用，可以削弱控制进程中 NNC 的控制作用而依靠鲁棒反馈控制器来保证闭环控制系统的稳定性；随着训练次数的增多，NNM 逐渐完善，逼近对象模型的精度也逐步提高，基于 NNM 的逆控制器 NNC 对系统的逆模型逼近程度也相应提高，并呈指数增长；当 NNM 完全描述了对象的动态特性时，控制进程中的控制器仅由 NNC 作用，并可对系统实施高精度进行独立的跟踪控制。

NNC 的输入信号为

$$x^I_{j-\mathrm{NNC}} = \mathrm{NNC}\big[e(k), \cdots, e(k-m), u_c(k-1), \cdots, u_c(k-n-1)\big] \tag{6-46}$$

NNM 的输入信号为

$$x^I_{j-\mathrm{NNM}} = \mathrm{NNM}\big[u(k), \cdots, u(k-n), y(k-1), \cdots, y(k-m-1)\big] \tag{6-47}$$

在控制初期，由于 NNM 尚未得到很好的训练，如果单独使用前馈控制器 NNC 势必影响控制的效果。因此，在控制进程中引入鲁棒反馈镇定控制器 RC，这样即使逆模型控制器 NNC 有偏差或学习尚未完全收敛，控制器 RC 也可以根据系统的输出跟踪输入的偏差而产生一反馈控制信号，保证控制过程的连续性和闭环稳定性；当 NNC 已经收敛且系统受到外部干扰的影响时，反馈控制器还可以通过鲁棒因子引入补偿控制，以消除干扰对系统的影响。因此，整个控制系统不仅具有很好的跟踪性能，而且还具有很好的鲁棒性。

反馈控制器 RC 设计为一个固定增益的比例控制器，其控制方程为

$$u_r(k) = K_r e_r(k) \tag{6-48}$$

式中：K_r 为反馈控制器的增益；$e_r(k) = r(k) - y(k)$ 为系统输出跟踪输入的偏差。

综上所述，基于在线自学习神经网络的内模控制方法（见图6-20）的实现步骤如下：

1. 控制进程步骤

（1）初始化NNM和NNC的各权值，以及各控制参数。

（2）在时刻k，构造NNC的输入信号并求输出$u(k)$。

（3）采集对象输出$y(k)$。

（4）构造NNM的输入信号并求模型输出$\hat{y}(k)$，以及NNM的输出偏差$e(k) = y(k) - \hat{y}(k)$。

（5）令$k=k+1$，返回步骤（2）继续进行。

2. 自学习进程步骤

（1）在时刻k，从控制进程中采样得到$r(k)$、$u(k)$、$y(k)$、$\hat{y}(k)$。

（2）构造NNC的输入并求NNC的输出$\hat{u}(k)$。

（3）构造NNM的输入并求NNM的输出$\hat{y}(k)$。

（4）计算输出偏差$\hat{e}(k) = r(k) - \hat{y}(k)$。

（5）修正NNM和NNC的权值，然后将其以通信方式传递给控制进程中相应的NNM和NNC中。

（6）令$k=k+1$，返回步骤（1）继续进行。

由于大多数工业过程都属于带有不确定性的过程，被控对象的不确定性、时变性等特性使得依赖于对象数学模型的传统控制在某些情况下受到了一定的限制。而基于神经网络的控制能够通过自身的学习过程，了解系统的结构、参数、不确定性和时变性等特性，并相应地改变其控制参数而具有很强的自适应性和鲁棒性。采用基于在线自学习神经网络的内模控制方法，即通过神经网络对复杂系统的辨识能力逼近被控对象的正模型及逆模型。

二维码6-6

神经网络内模
控制程序

利用图6-20的结构，设计被控对象为$G(s) = \dfrac{1}{(88.5s+1)^3}$的神经网络内模控制。完整程序扫描二维码6-6获取。

内模控制仿真结果如图6-22所示。

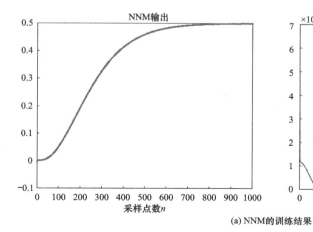
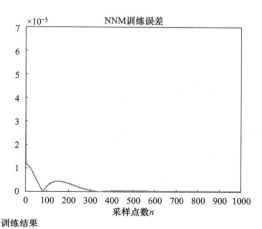

(a) NNM的训练结果

图6-22 内模控制仿真结果（一）

163

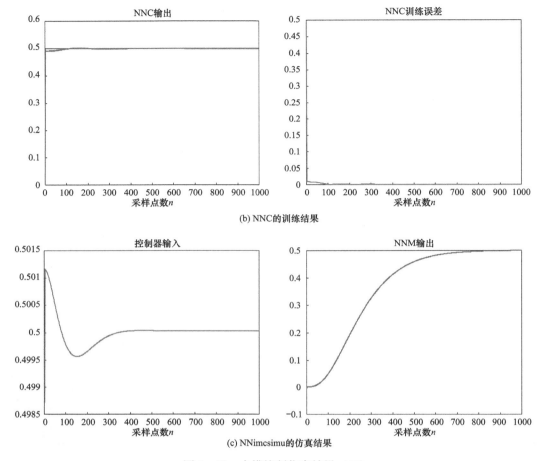

(b) NNC的训练结果

(c) NNimcsimu的仿真结果

图 6-22 内模控制仿真结果（二）

神经网络内模控制依托神经网络强大的非线性拟合能力，当 NNM 和 NNC 精度较高时，可以获得优良的控制效果。

本 章 小 结

在自然语言处理、图像识别、医疗和金融等领域，神经网络尤其是深度神经网络已经成为当下研究的热点。近年来，在基本神经元的基础上，不同结构的神经网络层出不穷，除了本章中介绍的浅层网络以外，RNN、CNN、DNN、DBN、DCN 等深度网络的不同表现形式越来越多，并且针对网络的训练和学习方法也在做很多尝试。

网络结构如果过于复杂，训练和学习的代价会比较大，限制了网络的在线或实时运算效率。结合深度网络的控制方法或者控制方案还有很多工作要做，神经网络用于实时控制还有很长的路要走。

实 验 题

1. 神经网络辨识练习，利用某一种浅层神经网络，实现下列对象的辨识。

对象：$G(s) = \dfrac{1}{1+200s} e^{-100s}$

2. 利用 RBF 网络实现下列函数的辨识。

$$f(x) = \sin[3(x+0.6)^4 - 1]$$

3. 利用 BP 神经网络设计神经网络直接逆控制器，实现图 6-23 所示被控对象的控制。

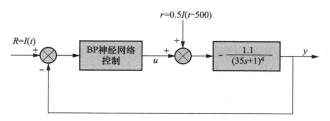

图 6-23　BP 神经网络直接逆控制框图

参 考 文 献

[1] 王飞跃,陈俊龙 . 智能控制:方法与应用 [M]. 北京:中国科学技术出版社,2020.

[2] 韩璞,董泽,王东风,等 . 智能控制理论及应用 [M]. 北京:中国电力出版社,2012.

[3] 韩璞,罗毅,周黎辉,等 . 控制系统数字仿真技术 [M]. 北京:中国电力出版社,2007.

[4] 蔡自兴 . 智能控制原理与应用 [M].2 版 . 北京:清华大学出版社,2014.

[5] 刘金琨 . 智能控制 [M].5 版 . 北京:电子工业出版社,2021.

[6] 黄从智,白焰 . 智能控制算法及其应用 [M]. 北京:科学出版社,2019.

[7] 李士勇,李研 . 智能控制 [M]. 北京:清华大学出版社,2021.

[8] 颜雪松,伍庆华,胡成玉 . 遗传算法及其应用 [M]. 武汉:中国地质大学出版社,2018.

[9] 付婧娇 . 遗传算法的研究及其在系统辨识中的应用 [D]. 保定:华北电力大学（保定）,2006.

[10] 熊信银,吴耀武 . 遗传算法及其在电力系统中的应用 [M]. 武汉:华中科技大学出版社,2002.

[11] 张文修,梁怡 . 遗传算法的数学基础 [M]. 西安:西安交通大学出版社,2000.

[12] 张倩 . 蚁群算法在火力发电系统参数优化中的应用研究 [D]. 保定:华北电力大学（保定）,2009.

[13] 段海滨 . 蚁群算法原理及其应用:theory and applications [M]. 北京:科学出版社,2005.

[14] 杨英杰 . 粒子群算法及其应用研究 [M]. 北京:北京理工大学出版社,2017.

[15] 邓自立,王欣,高媛 . 建模与估计 [M].2 版 . 北京:科学出版社,2016.

[16] 刘雁 . 系统建模与仿真 [M]. 西安:西北工业大学出版社,2020.

[17] 张晓华 . 系统建模与仿真 [M]. 北京:清华大学出版社,2015.

[18] 吕正鑫 . 模糊控制算法研究及在火电厂主汽温控制的应用 [D]. 保定:华北电力大学（保定）,2019.

[19] 石辛民,郝整清 . 模糊控制及其 MATLAB 仿真 [M]. 北京:清华大学出版,2018.

[20] 马晓兰 . 模糊控制理论及其在热工过程控制中的应用研究 [D]. 保定:华北电力大学（保定）,2011.

[21] 李士勇 . 模糊控制 [M]. 哈尔滨:哈尔滨工业大学出版社,2011.

[22] （美）帕辛（Passino,K. M.）,（美）Stephen Yurkovich. 模糊控制（影印版）[M]. 北京:清华大学出版社,2001.

[23] 诸静 . 模糊控制原理与应用 [M].2 版 . 北京:机械工业出版社,2005.

[24] 周卫东,廖成毅,郑兰,等 . 具有未知死区的 SISO 非仿射非线性系统间接自适应模糊控制 [J]. 哈尔滨工业大学学报,2014,46（10）:110-116.

[25] 乔孟丽,张景元 . 用遗传算法优化模糊控制规则的方法及其 MATLAB 实现 [J]. 山东理工大学学报（自然科学版）,2005,19（3）:73-77.

[26] 马飞越,周秀,倪辉,等 . 基于区间二型模糊滑模的移动机器人轨迹跟踪控制 [J]. 科学技术与工程,2020,20（30）:12472-12477.

[27] 胡晓武,秦婷婷,李超 . 智能之门:神经网络与深度学习入门 [M]. 北京:高等教育出版社,2020.

[28] 姚舜才,李大威 . 神经网络与深度学习:基于 MATLAB 的仿真与实现 [M]. 北京:清华大学出版社,2022.

[29] 王晓红 . 神经网络理论方法及控制技术应用研究 [M]. 北京:中国水利水电出版社,2018.

[30] 周黎辉 . 神经网络在过程辨识与控制中的应用研究 [D]. 保定:华北电力大学（保定）,2004.

[31] 王晓梅 . 神经网络导论 [M]. 北京:科学出版社,2017.

[32] 杨平乐 . 神经网络算法研究及其在模式识别中的应用 [M]. 徐州:中国矿业大学出版社,2016.

[33] 张泽旭 . 神经网络控制与 MATLAB 仿真 [M]. 哈尔滨:哈尔滨工业大学出版社,2011.

[34] 徐丽娜 . 神经网络控制 [M]. 北京:电子工业出版社,2009.